盗伐

林業現場からの警鐘

田中淳夫

新泉社

目次

序章　目にした異様な山の光景　006

1　いにしえからあった盗伐　015

1　盗伐はいつから始まったのか　016
2　木一本首一つの厳罰対策　020
3　「夜明け前」の入会林野　026
4　盗伐は雷鳴の響く夜に　030

2　盗伐事件の現場から　035

1　「盗伐」の法的な位置づけ　036
2　宮崎県国富町の事件　042
3　宮崎市高岡町の事件　054
4　宮崎県えびの市の事件　064
5　兵庫県佐用町の事件　076
6　鹿児島県霧島市の事件　084

3 「山が消えた」被害者の会設立へ 093

1 戦う盗伐被害者の登場 094
2 宮崎県盗伐被害者の会の結成 102
3 宮崎県の盗伐被害者の特徴 108
4 盗伐発覚後の開き直りと言い訳 114
5 警察による二次被害の実相 118

4 盗伐する側の論理 127

1 木材需要が膨んだ論理 128
2 大量伐採を必要とする論理 134
3 監視が抜け穴だらけの論理 140
4 ブローカーが転売する論理 145
5 仕事をしたくない警察の論理 149

5 盗伐事情 世界中で頻発する

5 世界中で頻発する盗伐事情 161
1 熱帯諸国で起きる違法伐採 162
2 北米で狙われる巨木林 171
3 欧州を巡る林業界の闇 179
4 油と牛肉に化ける森林 185

6 対策の動向 世界の違法木材

6 世界の違法木材対策の動向 195
1 成立相次ぐ違法木材禁止法 196
2 EUの森林破壊防止規則 201
3 抜け道を用意したクリーンウッド法 206
4 NGOが生み出した森林認証制度 211
5 監視する国際環境NGOの実力 216

7 絶望の盗伐対策 221
1 遵法精神欠如と事なかれ主義 222
2 腐る林業と崩壊する地域社会 231
3 災害を招き地球を壊す林業 235
4 隔靴掻痒の盗伐防止策 242
5 試行続く盗伐を発見する手段 250
6 盗伐対策に必要な専門人材 254
おわりに 260
参考文献一覧 266

デザイン――三木俊一(文京図案室)

序章

目にした異様な山の光景

田畑の広がる合間にポツンポツンと低い丘のような山が盛り上がっている。足元の小川からは水音が響く。空は青空。のどかな、典型的な日本の原風景のようだと感じる。宮崎県中部の国富町《くにとみちょう》の山間《やまあい》の光景だ。訪れたのは二〇一九年の五月二二日。明るい日差しの中でこの風景を眺めていると心が落ち着く。そんな気分に浸っていると、案内してくれた海老原裕美さんは、道から数百メートル離れた水田の向こう側の高さ二〇～三〇メートルの小さな丘を指差した。

パッと見には緑のスギ林に覆われている。が、何か変だ。スギ木立のその後ろに茶色の地肌が透けて見える。斜面の一部も崩れていた。

水田の間を進んで近づくと、違和感の正体がわかった。麓のスギ木立は一列残しているだけ。その裏側は丸裸なのだ。そのスギ木立を抜けて、列の裏側に登った。赤土の表土は削れ、数日前の雨のせいか泥沼と化している。細い丸太が折れたり何本も複雑に絡み合って山となり、いくつも放置されていた。それらを乗り越えてクローラー（キャタピラ）跡の残る山肌斜面を登る。とても道とは言えない重機で削っただけの斜面だ。足元が土にめり込むのを感じつつ、ようやく尾根に立つと、すさまじい光景が目に入った。

赤茶けた土が剝き出しの山が遠くまで広がり、谷はV字に削れ、枝葉で埋められている。スギの切り株が割けていた。太さは二〇センチから三〇センチ級のスギが生えていたことがわかる。また広葉樹の切り株もあったが、ギザギザの切り口を見せていた。どうしたらこんな乱暴な伐り方ができるのか、と思ってしまう。

無残な伐採跡は丘の頂部に広がり、全体ではざっと五ヘクタールぐらいあるだろうか。比較的平坦なのだが、表土が掘り返されているので歩くのも困難な様子だ。

荒れた斜面からは土砂が流れ出ていて、麓の溜め池を埋めていた。さらに麓の水田にも土砂が襲っている。用水路も重機が強引に乗り越えたためか破壊されていた。

「八カ月ほど前に急に伐採が始まりました。所有者の一人が気づいて警察を呼んで止めたのですが、翌日行ったらまた伐採していたそうです」

海老原さんは語る。宮崎県盗伐被害者の会の会長だ。

ちなみにこの土地の所有者は数人に分かれている。だから尾根には、数メートル間隔でコンクリートの杭が打ってあった。これは所有の境界線を示すもので、測量して行う地籍調査も済んでいるわけだ。伐採する場合は、それぞれの所有者の了解を得なくてはならず、もっとも気をつけないといけない点である。

しかし、この現場ではその杭をまたいで伐採が行われている。これを見落とすことは、通常有り得ない。明らかに無視したことがわかる。一方で外側のスギ一列を残すという面倒な伐り方をしているのは、外から見えにくくするために工夫したのだろう。とにかく樹木を早く伐採して木材を持ち出すための乱暴で破壊的な伐採と、発覚を遅らせるための姑息な手段が同居している。

無断伐採に気づいて現地に駆けつけた際、伐採を止めて現状保存を要求したのだが、しばらく後に再び現地を訪れると，伐った木は全部持ち出され、重機類も姿を消していたそうだ。ただ現場の状況を撮影していた。その写真に写るハーベスタ（乗用で木を伐採して運べる高性能林業機械）には、「黒木林産」の名と「平成二八年度日向市森林整備加速化・林業再生事業（基金）」と記されている。つまり補助金で購入した機械ということだろう。通常ハーベスタは数千万円する。

その後、海老原さんに案内されていくつか無断伐採の現場を回ったほか、被害者に会って話を聞いた。そこでわかったのは、このような事件は、宮崎県では珍しくないということだ。むしろ頻発している。そもそも海老原さんも盗伐被害を受けた一人だ。詳しくは本文に記すが、ここまで盗伐が蔓延しているとは思わなかった。

長年各地の森林や林業現場を訪ねて取材をしてきた。また東南アジアやニューギニアなど海外の林業現場を訪ねたこともある。そこでは、盗伐の話も耳にした。

おそらく昔から、盗伐は行われてきた。それは広い森からこっそり何本か木を抜くような所業だ。山主さえ気づかずに終わったケースもあったに違いない。また盗伐の首謀者は、たいてい身内か近隣の見知った人だったという。賠償を要求するにしても、内輪で処理する。表沙汰にしにくいのである。盗伐とは、ひっそりと行われるものだった。

だが、宮崎県で見て歩いた盗伐現場はまったく違う。大規模で、意図的、組織的だ。しかも森林破壊度が格段に高い。樹木を盗むのではなく森を盗む、消し去る行為ではないか。しかも高額で操縦も熟練しなければ動かせない林業機械を駆使して行うのだから、素人のできることではない。

宮崎県で何が起きているのか。いや、日本全国の林業現場、さらには世界中の森で何が起きているのか。

違法行為で森を破壊するケースは、世界中に広がっている。それは環境面でも経済面でも重大な事件だ。それを取り締まるのは喫緊の課題となってきた。一九九二年に開かれた地球サミットの中心議題は森林破壊防止であった。その手段として、違法伐採による木材取引を止める取り決めがつくられるようになった。

日本でも、世界の趨勢に引きずられるように違法木材対策に取りかかりだした。が、かなり抜け穴だらけの上、内容は輸入材を念頭に置いている。違法伐採は外国で行われ、その輸入が問題とされた。関係者から「国産材を使えばいい。国産材はみんな合法だから」という発言もあった。違法伐採を阻止するというよりも、国産材の需要を伸ばしたい意図が透けるが、私はそこに引っかかった。

盗伐は発展途上国だけで日本は真っ当だとする決めつけが、日本の林政担当者や林業関係者にある。だが日本の林業が「みんな合法」という裏づけは、どこにあるのか。こうした文言が発せられることに危機感を持った。何も知らないのか口をつぐんでいるのか。

私からすると、日本は世界に冠たる盗伐大国、違法林業大国である。環境破壊的林業が常態である。木材流通に関する法律だって整備されていない。

改めて振り返ると、林業界の空気は幾度か変転している。バブル経済崩壊後、林業界も苦境に陥った。森から人の姿が消え、市場の丸太の山も小さくなった。あの手この手の振興策も、上手くいかない状態が続いていた。ところが二〇一〇年前後から、以前と違う空気が流れだしたように思う。山で人々が動きだし、林道沿いに丸太が積まれだした。丸太を積んだトラックもよく走る。一見、林業現場は活気づいたかのように感じる。

だが、それを景気がよくなったと説明するには違和感がある。漂うのは不穏で刹那的な空気だ。現場に溌剌とした明るさを感じず、働く人からも何か投げやりな気持ちを感じ取ってしまう。話をしても、愚痴や不満が多い。機械で山が荒れてしまった、木材の値が安すぎる、いい木なのに燃料にされる……。以前は何時間も森のこと、繊細な技術のこと、そして林業の楽しさを語ってくれたのに。

長年林業に携わってきた人の発する戸惑いと焦燥感。嘆きとカラ元気が交錯する。そんな状況は、林業の現場だけでない。林野行政に就く人、林業関係の研究者など専門家からも私は感じるのだ。

一方で、世間で発せられる林業や木材に関わる言葉は増えたように思う。木づかい運動、高性能林業機械、スマート林業、木造ビル、バイオマス、森林セラピー、木育、そして脱炭素にSDGs……言葉だけが踊る。だが実施される施策は、目先を変えて〝やってる感〟を競うだけの薄っぺらさが目立つ。そんな状況の末に登場したのが「盗伐」である。

そこで改めて、盗伐を核に林業界を調べてみることにした。どうやら盗伐が起きているのは宮崎県だけではなく全国的な状況のようだ。ただ大半が表沙汰になっていない。宮崎県が目立つのは、被害者が声を上げ始め、かろうじて事件化しているからだろう。ほかの地域では、個別に盗伐の噂を聞くことがあっても、真偽が確かめられない。表に出すことが憚《はばか》られるらしい。被害者が怯《おび》えている。そうした事情は本文で触れるが、日本が法治国家であるという前提さえ疑いたくなる有様だ。

そのうえ個人の犯罪とは思えない。地域あげて、業界あげての組織犯罪かのような印象を持つ。一方で、その荒っぽい手口からは、投げやりで刹那的な犯罪であるように感じた。そこに私は、腐臭を嗅ぎ取ってしまった。

日本の林業は腐ってきた。もしかして盗伐という行為は、林業界の断末魔ではないのか。それは森と人間の関わり方の一線を越えた出来事。法律を超えた倫理の崩壊ではないか。強欲にまみれた心のダークサイドに踏み込んだように感じるのだ。

なお言葉の扱いに触れておく。日本では全般に「盗伐」「盗伐材」という言い方をするが、世界的には、違法伐採、違法木材と表現されることが多い。こっそり「盗む」というよりは、法律を破って行う巨大な産業と化した木材調達が広がっている。

また英国王立国際問題研究所では、違法伐採を「伐採行為だけでなく、森林を管轄する役人などへの贈賄を含む違法行為も含まれる。さらに輸送や加工、輸出、税関への不正申告、脱税といった義務の回避も含まれる」とする。つまり、森林管理および木材生産、流通の過程で行われる不正行為全般を違法伐採と位置づけている。

そこで本書を通して、日本の盗伐事情とその背景を探るとともに、世界の違法伐採と、それを取り締まるための努力と実態を知ってもらいたい。

1

いにしえからあったら盗伐

1 盗伐は いつから 始まったか

最初に、盗伐とは何か、という点を歴史的な推移とともに押さえておきたい。

盗伐、つまり木を伐採することが犯罪とされるのは、まず肝心の木もしくは木の生える土地の所有者や管理者がいて、彼らの許可を得ずに無断で伐る行為だからである。間違えて、あるいは知らずに他人の木を伐ってしまう誤伐と区別する場合は、意図的な行為であることもつけ加えておくべきだろう。

おそらく縄文、弥生時代でも、集落ごとに自分たちのテリトリーとする森林があって、その中の木を伐るには指導者層の許可が必要だったに違いない。あるいは別の集落の人間が自分たちの勢力圏内の木を伐ったことで、戦争に発展した可能性だってある。

文献で「木を伐採する際には許可がいる」と確認できる最古のものはいつのものだろう

か。あるいは木の伐採を禁じた法令が出された（違反したら盗伐となる）時期はいつか。

日本書紀によると、天武天皇が六七六年（天武五年）に飛鳥川上流の南淵山や細川山などの伐採を禁じる法令を出している。これは日本最古の自然保護令である。

当時の飛鳥は都だが、建物の建造や土木工事、また人が居住することで日頃の煮炊きや暖房などの燃料として、周辺の山の木を多く伐ったのだろう。そのため山が荒れて山崩れや洪水などが多発したらしい。そこで禁伐したのだと考えられる。

もう一つ。一一〇〇年代初頭（平安時代末期）に編まれた今昔物語集に「近江国栗太《くりた》郡の大《おお》柞《ははそ》のものがたり」が収められている。これは近江の国にあったクヌギやコナラなどを指す柞の大木を伐るために天皇に願い出たというエピソードだ。なにしろこの木の影が、朝には丹波、夕には伊勢まで及ぶほどの大木で、その根元の栗太地方は木の陰で日が当たらなかった。そのため農作物も育たない。そこでこの木を伐ることにしたというのだが、天皇の許しが必要だったことを示している。

同じような大木を伐る話は各地にある。古事記にも、仁徳天皇の時代に木の影が淡路島まで届くほどの木を伐る話（生えていた場所は不詳だが、大阪の南部の模様）がある。その木から船を建造し淡路島の清水を汲んで天皇に献上したとある。明確に誰の許可を得たのか記されていないが、大木を伐る際には権力者の許可が必要だったのである。

おそらく、こうした権利は古くからあって、伐採を規制していたのだろう。そして違反する事例も多かったに違いない。

六四五年の改新《かいしん》の詔《みことのり》で出された公地公民制《こうちこうみんせい》では、土地はすべて国のものとされた。その下には、守護地頭と呼ばれる役人による地方権力もあった。しかし徐々に土地の私有化が進み荘園などが形成されていく。そこに樹木の所有権も生まれた。田畑の所有者は付随した山の権利も主張したからである。山から落葉や下草といった肥料を得ていたのだ。寺社勢力も山林を含む土地を所有し、そこからの年貢を収入源としていた。

もう少し時代が下った戦国時代も森林伐採が進んだ。城や砦などの建設や武器の製造、それに土木工事に木材は欠かせない。木材は最大の軍需物資だった。それだけに戦国領主は、木材資源を守るため他者の伐採を規制した。過度な伐採は自らの軍事的衰退につながる。逆に見れば、他国（ときに敵国）の森林を伐採して利用することは、自らの資源を減らさず敵の勢力を減退させることにもなる。だから無断伐採を仕掛けた。

当初はその地に住む人々が周辺の森の伐採に関する規定を決めたが、時代が進むにつれて土地の囲い込みが行われる。荘園の荘官や寺領、地頭など支配者層が森林伐採の権限を握り、さらに国人《こくじん》や国衆《くにしゅう》と呼ばれる地方領主、次に守護大名、戦国大名のような広範囲の支配者が誕生する。一方で、天皇・公家の支配地もあり、また戦乱が収まれば全国的な支配者としての幕府の存在も生まれてくる。

そうした権力の変遷と多重構造は、森林管理にも影響する。たとえば戦国時代の越前国は、朝倉家が織田信長に滅ぼされたのちは、柴田勝家が領国経営を任された。その際、柴田家が越知山《おちさん》の地方領主でもあった大谷寺《おおたんじ》に対し、木を勝手に伐ることを禁じる布告を出した文書が残っている。寺の所有する山林でも伐採することを禁止したのだ。ここで森林伐採権限を上位支配者が奪う現象も起きていることが示される。

当時の伐採理由を確認しておこう。

まず建築資材や道具類の素材としての木材を得るためである。住まいや倉庫など建物に加え、船や橋などの建設も木材なくしては不可能だ。そこに権力者の誕生によって、宮殿などの大型建築物が登場する。また巨大寺院も権力者の力を見せつけるものだった。

こうした木材利用は、比較的大規模であり、権力側の都合で行われた。地元では禁伐となっていたにもかかわらず、無理やり伐らせる事例が多々残る。

一方で庶民、山の民や農民がこっそり行う伐採も横行した。

建築や道具に使うだけではない。まず農地に必要な肥料にするため、枝葉や落葉、それに草も刈り取って堆肥にした。次に大きな用途は、燃料だ。当時のエネルギー源は、ほぼ一〇〇％木質バイオマスである。煮炊きは日常的に行うため、常に薪が必要である。さらに製塩や製陶などの燃料を得るために木の伐採は行われた。加えて一部は木炭にする。こちらは商品価値が高い。さらに、まとまった金が必要なときは、大径木の木材を売るのがてっとり早かった。

このように木材は、まさに万能のマテリアルだった。あらゆる分野に使われる素材だから、その調達が人びとの生活に欠かせない。だから、欲しい、もしくは必要だとなれば許可の有無を超えて取りに行く。そこに盗伐は発生したのだろう。

2 木一本首一つの厳罰対策

江戸時代に入り、政情が安定してくると、森林にも幕府や藩の管理が強まってくる。

室町時代から江戸時代初期は、建築ブームだった。徳川幕府が開かれた直後は、各大名が自らの領地の経営のため城や新たな町の建設、新田開発を進めた。建築には木材が必要で、農地開拓は森林を切り開く。また灌漑施設も必要となる。治水対策として河川改修も行われた。その過程で木材需要は非常に高まった。

そのため江戸時代中期になると、身近な森には使える木がなく、奥山へ遠方へと木材の産地は広まった。伐採や輸送を可能にする技術が生まれたからだ。畿内の木材調達範囲を調べた研究では、古代は奈良、京都周辺の丹波や近江までだったのが、中世になると中国地方や東海北陸からも運ばれていた。さらに江戸時代には九州一円まで広がり、大木が搬出された。山より川へ、海へ、再び川を遡行して運ぶルートが開発された。

徳川家康は、木曽や伊那地方に代官を置いて山とともに川の管理を任せた。これを山川一元支配と呼ぶ。江戸城、駿府《すんぷ》城、名古屋城の建築用材は、こうした木曽や伊那の山々から伐り出された木材が大量に使われている。

結果的に木曽の奥山も尽山《つきやま》（樹木のないはげ山状態）になってしまった。すると山崩れと下流の洪水が引き起こされた。そこで留山《とめやま》と呼ぶ禁伐政策が取られた。「留山」に指定すると、その山では一切の伐採が禁止される。なお、鷹狩り用の「巣山《すやま》」と呼ぶ禁伐地域も設けている。後者は住民の立ち入りも禁止した。その周辺のバッファーゾーンも鞘山《さややま》と呼ぶ禁伐区であった。また留木《とめぎ》という伐採を禁止する木を定めた保存樹制度もあった。

資源保護と育成を兼ねた禁伐制度もあった。土佐藩の執政（家老）を務めた野中兼山《のなかけんざん》は、新田開発などとともに建築材や薪の輸出で藩の財政を潤わせたが、そのため尽山にならぬよう、番繰山《ばんぐりやま》と呼ぶ輪伐法を編み出す。建築用材や薪を運ぶ船の数に合わせて山に施業区を設定するのである。伐採面積を決めて、伐採後は期間を決めて禁伐とした。薪の場合は五〜二〇年、用材（スギ、ヒノキ、マツなど）は五〇〜六〇年である。さらにクス、ツキ（ナラ類）、マキ、カシワ、ヒノキ、クワ、カシ、ウルシなどを禁伐とした。一方で植林も奨励している。

尾張藩では、禁伐を樹種と山の区域によって定めた。諸説あるが、一六九七年にヒノキ、サワラ、マキの三種が伐採禁止になった。一七〇八年にアスナロ、二八年にネズコを加えて、いわゆる木曽五木の禁伐が決定する。

この禁伐には地元の住民が年貢として納める木材や自家消費用の木材まで含まれた。個人の庭、屋敷林の木でも、五木の樹種では禁止となった。当然、住民百姓の激しい抵抗に遭うが、多少の下付金などを設けた上で実施された。また焼畑も禁止にされた。

しかし、禁伐にされても木材を必要とする者はいる。とくに地元住民にとっては死活問題だった。まとまった金を得るため、日常の燃料や肥料を得るために、樹木を伐らねばならない。生活のためにこっそり山の木を伐る。つまり盗伐だ。

それに対する取り締まりが、いわゆる「木一本首一つ」である。禁止された木を一本でも伐ったら打ち首なのだ。一七世紀後半には、伐採だけでなく木皮をはぎ取っただけでも獄門（死刑）になった事例がある。しかし徐々に取り締まりは緩和されて、一八世紀に入ると盗伐に対する罰則は追放刑となったようだ。盗伐はなくならなかったからである。

木材運搬中の窃盗も少なくなかった。当時の木材運搬は主に川を利用したが、江戸時代に河川改修が進んで筏《いかだ》を組み、人が操作して流せるようになるまでは、丸太を一本ずつ流す「管流《くだなが》し」が多かった。川の流れに任せるわけだから、途中で河原に打ち上げられることもある。それを盗むのである。

盗伐対策もいろいろ考えられた。その一つにノコギリの使用禁止があ

木曽林業の三ツ紐伐り（木曽式伐木運材図会）。林野庁中部森林管理局蔵

る。ノコギリは、古墳から出土するほど古くからあり、鎌倉時代には一般にも普及したようだ。ところが江戸時代になると、立木伐採《りゅうぼく》で使用するのは禁止された。そして伐採をオノに限らせたのである。ノコギリは音を出さずに早く伐れるため盗伐がしやすくなるからだという。オノでは音が響いて盗伐がばれやすい。

それでも盗伐はなくならない。秋田藩の記録によると、徒伐《いたずらぎり》と呼ぶ盗伐は、当初は一人か数人の所業だったが、次第に大規模化して、数千本単位となったとある。かなり組織的に行われたのだ。取り締まりを担う山守も関与していたらしい。藩役人の残した文書によると、盗伐を厳しく取り締まると、地元の村々の離反を招き、以後の森林経営に弊害が生じるとある。多少の盗伐に目をつぶらないと、林業も森林管理もできなかった。ある意味、藩が黙認する盗伐だったのである。

土佐藩も、野中兼山が執政の間は厳しく輪伐制度を守らせたが、晩年に失脚したとたん、禁令は緩んだ。伐採量は五倍以上になり、四七〇艘に限っていた木材輸送の船も、一時期二四〇〇艘まで増えた。しかし、やがて資源が尽きる。結果、輸送船も二〇〇艘まで減ったという。藩の財政も行き詰まっていく。

もう一つ大規模な盗伐が行われたのは、蝦夷地である。蝦夷には松前藩以外は入れず、木材商人の立ち入りも禁止されていた。森林地帯はアイヌの領域だった。だが一七〇〇年

幕末の白神山地で行われていた伐採を描いた絵（平尾魯仙）。白神山地でもこれほどの木が伐採されていた

代以降は、違法な伐採が各地で進むようになる。

　木材需要が膨らむと、伐採量が増えて森林が劣化するので、禁伐的な政策などが取られる。しかし木材を求める声は収まらない。それが盗伐を横行させたのである。

3 「夜明け前」の入会林野

島崎藤村の『夜明け前』は、木曽地方を舞台に明治維新前後を描いた小説である。明治新政府が樹立されると、主人公たちは尾張藩の厳しい禁伐政策が緩むことを期待した。ところが、そこに持ち込まれたのが山林の国有化だった。尾張藩以上に厳しく伐採が禁止されたのである。日常の薪や落葉の収集まで禁じられる。

西日本は比較的私有林が多いのだが、東日本は国有林が増える。とくに東北地方は、ほとんどの山が国有化された。それは住民が望んだ結果だった。山林を所有すると、税金がかかることを恐れたという。だから国有林に指定するよう運動を起こしたとされる。

その裏には入会権《いりあいけん》があった。仮にその山、山林が国や県の所有だとされても、地元の住民は入って薪にする木々の伐り出しや、山菜などを採取することは認められると思っていた。以前の藩などは、木材となる樹木を保護したが、雑木は住民の利用を自由にしていたからである。それを入会と呼んだ。こうした慣習を基に村落共同体が山林原野の土地を共同所有することもあり、伐木・採草・キノコ狩りなどの利用ができた。

だから山林を国有にしたら税を払わずに済む一方で、日常的な山林の利用は問題ないと考えたのだろう。ところが西洋式の土地の所有制度を持ち込んだ新政府は、国有化した土地に許可なく侵入することを全面的に禁止した。

一方で西日本は比較的林業が発達していた地域が多いので、入会権だけでなく樹木に価値を見出していたのだろう。だから山林を自らの土地と主張することが多かった。ただし、やはり税金の額は低く抑えたい。そこで申告する面積を小さくするようになった。

ここで問題となるのは、土地境界線だ。それを定めた公図とは、ようするに役人が、測量などをせずに該当地域の人々に聞き取りしてつくった地図である。結果、それぞれが面積や境界を少なめに申告したため、実態とは大きくかけ離れることになった。

近年の地籍調査で測量をして実際の地形などに合わせた所有境界線を決定する作業では、公図面積の二倍三倍は当たり前である。一〇倍を超えるケースも珍しくない。それが今となっては境界をわからなくさせている。

顕著な例を林学博士で東京大学教授だった本多静六《ほんだせいろく》の事業で見よう。東京府の水源林をつくる事業に本多が関わったのは明治三〇年代。その際に、御料林（皇室所有の森林）などを含む国有の多摩の森林、台帳面積で六六九町三反五畝を東京府が購入したという。その金額は六七八二円だった。ところが購入後、実際の面積は八二〇〇余町歩だったことが判明する。一二倍以上である。購入金額は台帳面積に沿ったのだから、東京府は大儲けしたことになる。

境界線がずれているどころか、まったく違う場所であるケースもある。登記されている山が現実とは違ったのだ。二一世紀になって、青森県の下北半島にあるヒバ林が国有か民有かを争い裁判になり、最高裁まで行った（国有と認められる）事例もある。

こうした公図のいい加減さ、境界線の曖昧さは現在まで尾を引いている。

明治維新は、森林伐採・破壊を助長させた。江戸時代の幕府や各地の藩が取っていた禁伐政策の多くを撤廃したからだ。新政府は前政権の施策を否定したかったのだろうが、それが爆発的な伐採を引き起こす。これまでの盗伐が盗伐でなくなったからだ。

また官有地の整理を進める際に、木材の採れない無価値の林地は村落に委ねる方針だった。そこで村人はわざと放火や盗伐を繰り返し、山野を無価値にすることで土地を国有にならないよう（官有から民間に払い下げるよう）に画策した。それが莫大な森林破壊を引き起こす。

政府の林業報告書には、一八七八年から八七年までの間に、官林で一八二万六七八三本が違法に伐られたとある。さらに放火で五三七万三五四五本が被害を受けたという。

また一九〇六年の神社合祀令も鎮守の森の伐採を進めた。里に近いところにあっても比較的禁伐が守られたのは神社や寺院の森であったが、小さな郷社を整理統合する過程で、その境内にあった木が伐られたのである。神仏の信仰で木々を守っていたタガを外されたわけだ。合祀令そのものが、鎮守の森の木を狙ったためとも言われている。南方熊楠《みなかたくまぐす》の合祀反対運動も、鎮守の森がなくなる事態に対する反対だった。

所有権と入会権の齟齬《そご》も非常に複雑だ。現代の感覚ではわかりにくいのは、森林の価値は、土地よりも地上に生える樹木草本にあったことだろう。他人の土地に植林して木々を育てても、その権利は植林者にある。だから分収造林、部分林制度と呼ぶものも生まれた。山から得られる利益を所有者と植林者が分け合う制度で、現在でも行われている。

一九〇九（明治四二）年に「立木ニ関スル法律」が成立した。樹木を不動産として登記できる法律である。登記された立木は、土地と分離して譲渡したり、抵当権を設定したりできる。土地所有権は、登記立木に及ばない。これは奈良県の吉野など、林業が盛んな地方で植林木の権利を明確にするためにできた法律である。その木を伐るか、枯れるかすると効力は消滅する。現在も法律は生きているが、ほとんど使われることはなくなった。

このように山の所有権は歴史的に曖昧だったのである。今でも「山は誰のものか」という質問に対して「みんなのもの」と答える都市住民は多い。だから他人の山に勝手に入って山菜やタケノコなどを取るだけでなく、木々の伐採まで行う。だが罪の意識は薄い。

しかし、言うまでもなく日本列島の土地にはすべて所有者がいる。住宅地や農地などでは当たり前に理解されることが、森林となると急にその認識が希薄になってしまう。

いずれにしろ森林のある土地の扱いは、宅地や農地とは一味違う。境界線のいい加減さや所有と利用意識の齟齬、そして希薄さは、後々多くの盗伐問題に影を落としていく。

4 盗伐は雷鳴の響く夜に

大正、昭和と時代が下り、ようやく森林政策も落ち着いてきたが、同時に幾度も木材バブルを引き起こした。濃尾大地震、関東大震災、そして太平洋戦争の戦災からの復興、高度経済成長による開発ブームと続いて、木材需要が爆発的に増えたからである。

需要が増えれば木材の価格も高騰する。山主と言えば金持ちを連想するようになったのもこの頃だろう。なかには無節で木目の美しい銘木と呼ぶ木材もあって、数寄屋造りなどに使われるような床の間の意匠材は一本一〇〇万円を超えるものも現れた。しかし山の奥にある木なら、こっそり伐って搬出しても見つけられにくい。

そこで盗伐が横行するようになる。一本の銘木が何十万、何百万円にもなるのだ。そんな木を、数本伐って出すだけで濡れ手で粟の大金が得られる。

私も、山村に行くと盗伐の噂を聞いた。月夜の晩にトラックが山に向かうと怪しいという。雷鳴が轟《とどろ》くような不安定な天候のときがいいという声もあった。伐採時の音が雷鳴でかき消される、あるいは雷鳴と間違われるからだ。

当時はまだ重機が普及していないから、ノコギリかチェンソーで伐る。倒した木を、トラックに積み込むには技術がいる。時間も限られるので、高く売れる元玉《もとだま》（幹の根元の太い部分）だけを盗むことも多い。大木なら一本伐り倒せば三、四本の丸太が採れるが、元玉だけでもいい金になったらしい。

こうした銘木狙いの盗伐を行うには、どこにどんな木があるか事前に情報をつかんでおかなくてはならない。だから盗伐者はまったくのよそ者ではなく、山主とつきあいのある近隣の林業関係者であるケースが多かったようだ。

山主の元で働いている人が行うことも少なくなかった。普段は山を管理しているが、その際に目をつけた木を、こっそり盗伐する。伐ってもすぐにばれないような場所で、また搬出も楽なところに生えている大木。そうした目利きがあって盗伐はできた。

ときに山主の親族が番頭と組むこともあったらしい。たとえば息子が遊ぶ金欲しさに、番頭と申し合わせて何本か木を抜いて売り飛ばし、利益を折半するという。一本売れば数十万円になるのなら、小遣いとしては大きい。

ところが、盗伐が山をよくするという声もあった。

山主は、せっかく育った木を伐るのは忍びないという気持ちから、間伐本数をなるべく少なくしてしまう。太い木ほど伐りたがらない傾向もある。涙間伐と言って、伐るのに涙して間伐を遅らせてしまうのだ。

しかし、間伐する本数が少なく、周辺の木に覆い被さっているような大木を除かないと、残す木に光が届かず、間伐の保育効果は出ない。間伐は、大胆に伐るべきなのだ。伐られた空間には、すぐ残された木々の枝葉が生長して葉量が増え、生長もよくなる。

だから盗伐の形で木を多めに伐られた方が、その森は健康に育つというわけだ。

なにやら盗伐を擁護するような意見でもあるが、ある意味のどかな時代だったのだろう。身内が木を選んで盗む程度ならば森を破壊する無茶はしないからだ。発覚しても身内同士、見知った地域の人であるから、表沙汰は恥として示談で済ます。

だが、時代は移る。一九九〇年代になると、バブル経済が崩壊して、趣味性の強い数寄屋建築は見向きもされなくなる。むしろ洋風建築が好まれるようになり、床の間どころか畳の部屋さえなくなっていくのだ。

また建築構法も、それまでの柱や梁を見せる「真壁《しんかべ》工法」ではなく、柱や壁にクロスを張る「大壁《おおかべ》工法」が主流になった。木肌を見せないから銘木にこだわる意味がなくなる。傷ありや色が悪くても、どんな木でもよい。外材、集成材、合板でもよいわけだ。

木材の価格は下落した。それでは盗伐しても儲からない。こうして下火になったと思わせたのだが……まったく違った展開となった。

一言で言えば、質より量。銘木を高く売る盗伐ではなく、山の木を全部伐って大量に売り飛ばせば利益が出るという考え方だ。伐り方も乱暴になった。林業機械が普及してきたため、短時間で大量に伐り運び出せるようになった。だから力ずくの作業が増えた。合板用や製紙原料、バイオマス燃料なら木質は関係ない。とにかく量だ。

その裏には、林野庁が伐採量を増やす大号令をかけた点もある。伐り時を迎えたという理由で、木材価格は安いのに木材を増産させたのだ。それが盗伐を誘発する。
そんな林業界で起きていることを次の章からレポートする。

2 盗伐事件の現場から

1 「盗伐」の法的な位置づけ

本章では、実際に起きた盗伐事例を紹介するが、その前に現代の「盗伐」とは何かという点を押さえておこう。また法律的に違法な林業を定義づけておきたい。

まず盗伐および違法林業の共通認識は、次のようになる。

- 所有権や伐採権のない他者が、許可を受けずに行う伐採
- 計画に定められた指定樹種・径級（太さ）、伐採方法などを守らない伐採
- 許可された伐採量や区域を超えた伐採（誤伐も含む）
- 国立公園など森林保護が定められた地域での伐採
- 国際条約で保護されているなど伐採禁止樹種の伐採

・森林地域に住む先住民などの伝統的権利を無視した伐採
・伐採許可や合法証明などの書類を偽造した伐採や取引
・密輸。産出国を偽造して輸出入する木材取引
・伐採、搬出、輸出などで賄賂などを伴い不正な許認可や不作為がある場合

前章で取り上げた歴史的な盗伐や法令違反と現代の実態はかなり変化したことがわかるだろう。国際的にも盗伐に関して、さまざまな言葉・表現が使われている。あまり厳密な定義をするつもりはないが、本書でも折々に使う言葉の意味を知っておいてほしい。

まず盗伐以外にも無断伐採、違法伐採、森林窃盗という言葉が登場する。

無断伐採は、所有者・許認可権限者に断りなく伐採するもので、許可を得た伐採範囲を間違うなどして知らずに伐ってしまう誤伐と、意図的に伐る盗伐の両方が含まれる。

違法伐採は、その国の森林管理や森林経営に関する法律に違反している伐採である。所有者（個人、法人、公的機関）を無視した伐採のほか、保護指定を受けている森林、もしくは特定の木を伐採するケースも含まれる。

森林窃盗は、森林法一九七条で定められる法律用語であるが、文字通り森林の産物を盗む犯罪行為だ。木材が大半だが、キノコ、山菜、苔、ときに石なども含む。

なお違法、合法というのは、森林のある国の法律に照らし合わせた結果だが、国によって法律が違うため、同様の行為でも判断は違う場合もある。法律そのものの整備遅れも影響するから、合法であっても森林破壊的な伐採であることも少なくない。

それに関連してグレー木材という言葉も登場する。法律に合致して伐採して得た木材が合法木材、違反しているのが違法木材だが、その間に合法かどうか確認できない（合法である証拠を示せない）木材がある。それをグレー木材と表現する。白黒はっきりしない灰色というわけだ。

量的にはグレー木材が非常に多い。このグレー木材を排除するかしないかは、木材取引で大きな違いとなる。欧米やオーストラリアなどは、グレー木材の流通を禁止しているが、日本はグレーなものを排除していない。

なお日本の森林法では、国が一五年ごとに、農林水産大臣の名前で全国森林計画を立てることになっている。全国の森林（人工林）の間伐、主伐を計画的に行って木材生産量を決めるのだ。そして伐採跡地などに行う再造林面積の目標も定めている。

全国森林計画を受けて、都道府県知事が地域森林計画（五年ごとに一〇年一期として立案する）を立てる。この森林計画は県全体ではなく、流域ごとにまとめられる。流域が変われば林相も林業の歴史的経緯も違ってくるからだ。

次に基礎自治体ごとに市町村森林整備計画が立てられる。これも五年ごとに一〇年一期とする。ただし、これは自治体内で林業を行う民有林が対象である。

林業家は、所有林もしくは管理委託された森林に、市町村森林整備計画に沿って森林経営計画（五年ごと）を立てて施業を行うのが建前だ。計画書を提出しなければ補助金の申請を行えない場合が多い。

こうした森林経営の法的な計画制度の流れの下に、伐採届出制が設けられている。地域森林計画、そして市町村森林整備計画内の民有林で立木を伐採する場合には「伐採及び伐採後の造林の計画の届出書」の提出が義務づけられている。この届け出る書類を一般に「伐採届」とか「伐採造林届」と呼ぶ（本書では「伐採届」とする）。

伐採届には、森林の位置図や区域図、届け出者の確認書類、法令などの許認可書類、土地の登記事項証明書、隣接森林との境界線確認書類……などを添付しなければならない。この伐採届の有無や内容は、盗伐事件で常に問題になる点だ。

伐採届には、伐採跡地の扱いに関する計画を記す。通常は数年以内に再造林することが求められる。森林法で「木を伐り尽くしたら植える」義務が課せられているからだ。

問題は、人が植える植林のほかに「天然更新」という手段もあることだ。これは、簡単に言えば伐採跡地を放置して、自然に森に還るのを待つ、そして天然林にするというものだ。ヨーロッパなどではよく行われているし、また森はそれで復活する。しかし、日本の場合は複雑な植生や気候、そして獣害の発生で失敗例が大半だ。それでも伐り放しにすることを天然更新だと、言い訳によく使われる。ただし、その後検査を行うのが建前だ。

さらに、再造林を行う計画を届けているのにすっぽかすケースが多発している。現在の日本では、皆伐（山の木をすべて伐ること）跡地の約七割が再造林されていない。これも違法とすれば、日本の林業地は違法だらけだ。

また、こうした計画とは別に保安林制度もある。これは水源涵養、土砂の崩壊防止、防風防雪、なだれ防止、落石防止など災害への防備、生活環境の保全など、特定の公益目的を達成するため、森林法第二五条の規定に基づき農林水産大臣又は都道府県知事によって指定される森林で、伐採面積や地形の改変などさまざまな規制がかけられている。なかには伐採そのものを禁止するものもある。そうした規制を破るのも違法行為だろう。

さて、ここまで大雑把ながら森林に関する制度を示してきたが、法律的には「森林犯罪」というくくりをする。ここには森林窃盗、森林窃盗の贓物《ぞうぶつ》特例、森林失火、森林放火が含まれるのだが、これらは「刑法の特別規定」に入る。一般の刑罰とは別に扱うのである。通常の特別規定は罪が重くなるものなのだが、森林関係では軽い扱いになる。

たとえば通常の窃盗罪は一〇年以下の懲役または五〇万円以下の罰金だが、森林窃盗は

「三年以下の懲役または三〇万円以下の罰金」。保安林の場合でも「五年以下の懲役もしくは五〇万円以下の罰金」である。

また伐採届を出さない無届伐採は、刑法上の犯罪にはならず行政刑罰規定となる。重大な義務違反に対しては刑法と同じ刑罰が適用されるが、無届で重大事件とする例はなく罰金程度だ。規定では行政刑罰で「一〇〇万円以下の罰金」となっているが、実際の罰金額ははるかに低い。そもそも罰が下されることも少ない。

森林犯罪は一般的な犯罪より特殊性があるとして、刑法の窃盗罪と比べると軽い。特殊性とは、おそらく歴史的な経緯を取り込んでいるのだろう。日常的な薪を採取するような盗伐を想定している。失火も山仕事の最中に起こすものだ。

前章で触れたように、かつての盗伐は地域住民が生きる糧として行うケースが多かった。小金目当てにこっそり数本、日々の燃料にする木々、食物となる動植物の採取、農地への肥料や家畜の飼料などとなる落葉や下草の採取……それらは、一般の窃盗とは違うとされた。森林関連の法律が慣習的権利を奪ったことに対するお目こぼしだったのかもしれない。だから江戸時代までの厳罰とは打って変わって、明治以降は刑罰が軽減された。

だが、現代の森林窃盗つまり盗伐は、歴史的経緯とは別次元の犯罪行為だ。地球規模の森林消滅や森林劣化が問題となる中で、盗伐は森林生態系を破壊し、二酸化炭素排出を増やす、重大な環境犯罪なのだ。にもかかわらず刑罰が今のままでよいのか疑問である。

次節からは実際に起きた盗伐事件の事例を紹介する。論より証拠、実際に山の現場で起きていることを知ってほしい。なお紹介する事件で刑事裁判が行われ有罪が確定した被告については実名をあげるが、そうでないものは匿名もしくはイニシャルで表す。

紹介するものは宮崎県の事例が多い。私も現地を訪ねて被害者たちを取材したものだ。ただ、より詳しい内容は環境NGOであるFoE Japanの三柴淳一さんが現地で聞き取りをして〝被害者調書〟をつくり上げているので、ここではそれに準じたい。また兵庫県と鹿児島県の事例は、私の聞き取りである。

2 宮崎県国富町の事件

まずは序章冒頭でも紹介した宮崎県国富町のケースである。被害者は、高野恭司さん。

高野さんの被害地は宮崎県国富町大字木脇で、面積は〇・四七一ヘクタール。これはざっと幅一〇〇メートル×五〇メートルの広さを想像すればよいだろう。そこには樹齢六〇年生のスギが生えていたが、それが全部なくなっている。被害本数は約二〇〇本だった。

ただし盗伐被害は、彼のところだけでなく、周辺の三〇筆《ぴつ》以上の林地で起きており、全体では約五ヘクタールになる。そこに二四人の所有者がいた（亡くなった人も含む）。県外の所有者も一人いる。このうち伐採届が出ているのは四件だけだった。高野さんの土地は出ていない。この事件を高野さんの事例として紹介するが、実際の盗伐規模は、彼の土地の約一〇倍であると認識してほしい。

高野さんは仕事の関係で宮崎市内在住だが、実家は被害地の近くで母親が一人住まいしている。高野さんによると母親には軽度の認知症のような症状も見られる。また盗伐現場に隣接した水田を有している。

高野さんが初めて盗伐犯と遭遇したのは、二〇一八年七月一七日のことだ。朝八時、高野さんの職場を山林ブローカーＳが突然訪れた。この男は高野さんのお母さんのところを訪れたが、母から高野さんの職場を聞いて出向いてきたとのこと。内容は「林地を売ってくれ」というものだった。しかし高野さんは断った。

九月六日朝、Ｓから実家の母のところに電話が入った。「間違って伐った。夕方お詫びに行く」。母はすぐに高野さんに連絡したので、高野さんは姉とともにその日の夕方、仕事を終えてから現場を訪れた。すると道から見える一列を残して山肌が見えた。私が見た様子と同じ状態だったのだろう。すぐにこれは「誤伐でなく、故意に伐った盗伐だ」と確信したそうである。

誤って伐ったと詫びを入れて、わずかな金銭で示談にしようとする手口だろうと直感し、高野さんは急ぎ宮崎市の高岡警察署に連絡を入れた。

高野さんはSを待たせ、警察官に事情を説明した。Sは「一〇〇％私が悪かった」と詫びたものの、高野さんは「これは演技だ」と思い、細かい話は聞かずに終わらせた。

高野さんがこの事件を「誤伐ではなく盗伐」「ごめんなさい詐欺」だと見抜いて警察に通報したのは、その頃宮崎放送などマスコミが「盗伐」の実態について報道しており、そのやり口を把握していたためである。この報道については、後述する。

翌日、改めて警察とともに現場検証に行った。すると林業機械が動いていた。誤伐だと言いつつ、まだ伐採・搬出を止めていなかったのである。

重機を操縦していたのは、後に被告となる黒木林産の黒木達也。彼は高野さんらが現れたことに最初こそ驚いた素振りを見せたものの、その後は平然としていた。高野さんは現場の境界についてはよく把握をしていたため、警察とともに尾根に登り、すでに打たれて

宮崎県国富町の盗伐現場

1
遠目には緑に覆われているが……

2
裏に回ると、表の1列だけを残して伐られていることが見て取れる

3
林業機械を通すために山腹を削ってつくられた作業道。斜面を削っただけなので徒歩では登れず、雨が降ると崩れる

4
頂上部は約5ヘクタール全部伐られている

5
山肌は攪乱（かくらん）されて土壌もはぎ取られている。ここまで荒らされてしまっては、再造林も難しい

いる境界杭について説明し、自身の林地の境界について主張した。

このとき黒木被告は図面を手に、「あんたがたのは向こうじゃわ」とか「あんたがたのは、ちいっとじゃが」などと発言したという。

ちなみに、二〇一九年一〇月一八日に開かれた宮崎地裁の第二回公判時に、黒木被告は当時「地図は持っていなかった」と陳述をしている。

九月九日、警察は再度現場を訪れ、高野さんも仕事を休んで立ち会い、現場検証を行った。このときは国富町役場からも人が来た。担当の警察官は「被害届については一週間くらいで受理する」と話したが、その後音沙汰はなかった。

九月一二日、高野さんは役場と図書館に行って土地台帳を確認し、被害地全体の状況を摑むべく、土地所有者名義や住所などを調べた。また伐採届の内容を確認するため町に情報開示請求も行った。

ところが国富町役場は「公文書非開示決定通知書」を出した。非開示の理由は「該当する関係書類は存在しない」、つまり無届伐採だったことが判明したのである。

九月二七日、黒木達也被告から高野さんの職場に電話があった。「境界を測りに行くから立ち会ってくれ」という要望だった。山で示談に持ち込もうとしていると感じ、高野さんは「境界は杭を打ってあったから間違うはずはない」として断った。

この盗伐事件は、三〇筆以上に及ぶ大規模かつ大半が無届伐採である。しかも後に台風による大雨で斜面崩壊も起きて二次被害まで発生している。だが国富町役場や警察署はその後動きがなく、このままでは時効を迎えてしまうことが懸念された。

事態が大きく動いたのは、一〇月一〇日だ。宮崎県盗伐被害者の会からの働きかけもあって、田村貴昭衆議院議員（共産党九州沖縄比例区選出）が現場視察に訪れたからである。田村議員は、この現場を含めていくつかの盗伐被害地を視察し、帰京後、すぐさま衆議院農林水産委員会で質問をした。林野庁や警察庁の対応を厳しく追及するとともに小里《おざと》泰弘農水副大臣の地元鹿児島県出水《いずみ》市でも盗伐が発生していることを指摘した。

一一月三〇日、小里泰弘農水副大臣と武井俊輔衆議院議員（宮崎一区・自由民主党）が、林野庁や宮崎県、国富町の担当者らとともに盗伐被害地を視察した。小里副大臣から自民党宮崎県連、宮崎県、宮崎県警などに指示が出た模様だ。その後、この事件は立件、起訴されることになる。ただし、立件されたのは「スギ丸太七本の窃盗行為」だった。どう見ても、被害地全体で伐られた本数は一〇〇〇本以上あるのに、である。

その後、一二月六日、一三日と高岡署から「調書をつくりたい」と呼び出しを受けて高野さんは出向くと、県警本部からも人が来ていた。そして最終的に被害届が受理された。

このとき警察から「お宅（高野さん）の被害は七本、被害額は五万二〇〇〇円」と説明された。高野さんはこれに承服できず随分と抗議をした。「林地はすべて伐採されており、二〇〇本くらいはあったはず」と高野さんは訴えたが、警察は「被害本数の出し方は切り株の数であり、切り株が残っていないものは特定できない。ほかの被害地でも、そのように判断している」と説明した。

高野さんは、「おかしいだろう、生えていた木が全部伐られているのに」と食い下がった。しかし「七本でしか被害届は受理できない」と突っぱねられ、渋々受け入れた。

なお被害届が受理される前日、内容証明郵便物として「お詫び」書が高野さんの実家に届いた。差出人は黒木林産代理人の弁護士で、示談の申し入れだった。示談金は立木代として三五万円（四〇〇〇円／立方メートル、スギ〔四五年生〕一七〇本相当）、および迷惑料（慰謝料）として五万円の合計四〇万円だった。

高野さんは、「警察は盗伐業者を立件したくないために（加害者に）示談を勧めた」と感じたそうである。被害届受理の前日に届いたことも怪しい。

しかし被害届が受理されたことで、新聞各紙やテレビニュースなどで「盗伐容疑者逮捕」と報じられた。ただしニュースでは被害本数七本と流されている。一般人は、そんな少ない本数なのに逮捕するのかと思うかもしれない。

なお今回の盗伐事件では、高野さんのほかもう一人の被害者（匿名）が「被害一三本」として被害届を受理された。こちらの被害者の山は、面積は〇・〇七ヘクタール。この林地も地籍調査が入っており、境界は明確だった。被害を受ける前、森林組合に依頼して間伐を行っていた。だから生えていた本数も把握できるので、被害本数は七七本と申告した。しかし、警察の実況見分によって認められたのは一三本だけだったのだ。

この被害本数は、その後さまざまな案件で何かと問題となる。警察側の言い分としては、厳密に伐られたことを証明できる切り株が必要であることと、手間をかけて、すべての本数を立件するのは大変だからなのだろう。また裁判では森林窃盗の立証や罰則などに本数はあまり関係しないと言われている。しかし、本数は世間の印象に関わる。

その例として、宮崎県議会における日向市選出の西村賢《さとし》議員（自由民主党）の発言を紹介したい。

「新聞報道などで私の知る限りでは、杉七本、杉一三本の伐採を、当人は誤伐と主張し、被害者は盗伐と主張し、当事者間で示談を進めていたとのことですが、一転し、伐採業者の逮捕に至ってしまいました。係争中の案件ですから、具体的にこの場で触れませんが、この案件は、林業の未来や担い手の確保も含めて大きな影響があるのではないかと思います」

「無断伐採に間違いがあった場合、ほとんどの案件は穏当に和解がなされているとのことでありますが、今回のように刑事事件にまで発展することは、極めてまれなケースと考えています。広大な山林の伐採に際しての数本の誤伐は、業務の特性上、ある意味避けられないことではないかなと思いますが、そのような誤伐も絶対に許されない社会状況になれば、林業後継者の確保も難しくなります」

「土地の境界も不確かな山林でのわずかな誤伐がもとで、訴えられたり、失業したり、廃業せざるを得ない状況に追い込まれることがあってはならないと考えます」

「当然ながら、誤伐もいいことではありません。しかし、誤伐によって、その伐採業者が大きなペナルティーを受けることが、果たして宮崎県の林業の将来につながるのかということも、同時に考えていかなければならないと思いまして、この問題を取り上げさせていただきました」（すべて議事録より）

この事件は、地籍調査も済んでいた山林であり、誤伐とは言い難い。だが議会質問の途中から盗伐ではなく誤伐のようにすり替えられ、七本程度で逮捕されては林業の発展に支障をきたすと主張している。西村議員の発言は、事業者を明らかに擁護している。

二〇一九年七月一一日、ついに黒木林産社長・黒木達也容疑者は逮捕された。さらに八月五日、高野さんの被害林地の隣接地のスギ一三本を伐採して盗伐した件でも、森林法違反（森林窃盗）の疑いで再逮捕される。報道によれば、宮崎県内では初めての素材生産業者の逮捕だ。

地裁、高裁ともに有罪判決が出たが、黒木被告の審理は最高裁にまで持ち込まれた。最終的に上告棄却となり、有罪となったが、執行猶予がついた。やはり二〇本程度の窃盗では罪は軽いとされたのだろう。ただ伐採業者の有罪判決は宮崎県内では初めてである。

なお黒木林産は、宮崎県造林素材生産事業協同組合連合会の「合法木材供給事業者」に認定され、日向市森林整備加速化・林業再生事業の補助金約一四〇〇万円も受け取っている。有罪になれば返却を求められる。

今回の国富町木脇の盗伐被害現場は、その後、土砂崩れを引き起こし、高野さんの水田に土砂と林地残材などが流れ込んだ。豪雨のたびに斜面が崩れてしまう。土留めの設置と残材の撤去を、黒木林産が六〇万円で引き受けた。支払いは崩れた林地の所有者と地元の木脇土地改良区とで折半になる。「自然災害は補償の対象にはならない」のだ。

宮崎県国富町の事件

2018年

7月17日	山林ブローカーSが高野さんの職場を訪問。
9月6日	Sから誤伐をしたためお詫びに行くという電話が高野さんの母親にある。高野さんと姉が夕方、山の木が伐られたことを発見。高野さんは警察に電話で通報。駆けつけた警察官2名に事情を説明する。
9月7日	高野さんは警察とともに現場検証。現場で林業機械を操作する黒木林産の黒木達也を発見。
9月9日	再度、高野さん立ち会いの下、現場検証。国富町役場からも人が来て立ち会う。警察官から「被害届は一週間くらいで受理する」と言われるも、その後の連絡はなし。
9月12日	高野さん、土地台帳を確認。伐採届の有無を確認するために町に情報開示請求。
9月14日	国富町役場、公文書非開示決定通知書を出す。無届伐採だったことが判明する。
9月27日	黒木達也被告が高野さんの職場に電話し、境界確認の立ち会いを依頼。高野さんは拒否。
9月30日	台風24号の豪雨によって、盗伐された林地が土砂崩れを起こし、隣接する高野さんの水田にも被害が及ぶ。
10月10日	宮崎県盗伐被害者の会の働きかけにより、田村貴昭衆議院議員が現場視察。その後、衆議院の農林水産委員会で質問。
11月30日	小里泰弘農水副大臣、武井俊輔衆議院議員が林野庁、宮崎県、国富町の担当者と盗伐被害地を視察。

	12月6日	高岡署より呼び出され調書作成のための聞き取りを受ける。
	12月12日	12月11日付の「お詫び」書が内容証明郵便物として高野さんの実家に届く。差出人は黒木林産（株）代理人弁護士Nで、示談金は立木代として35万円、慰謝料5万円の計40万円。
	12月13日	2度目の聞き取りを受ける。被害スギ丸太7本、5万2000円の窃盗行為で被害届が受理される。
2019年	4月20日	土砂崩れの被害水田について、黒木林産を交えた話し合いが持たれ、土砂をせき止める土留の設置と残材の撤去を黒木林産が60万円で引き受ける。費用は崩れた林地の所有者と木脇土地改良区で折半。
	7月11日	黒木林産社長、黒木達也容疑者逮捕。
	8月5日	黒木容疑者は高野さんの被害林地に隣接するTさんの所有林地のスギ13本を伐採して盗んだとして、森林法違反（森林窃盗）の疑いで再逮捕。
	9月27日	宮崎地裁初公判
2020年	1月27日	黒木達也被告に宮崎地裁で懲役1年、執行猶予4年の有罪判決が言い渡される。黒木被告は即日控訴。
	6月18日	福岡高裁宮崎支部にて控訴審判決。一審判決を支持。黒木被告は即日上告。
	9月25日	最高裁第2小法廷にて黒木達也被告の上告を棄却。懲役1年、執行猶予4年とした一審、二審判決が確定。

3 宮崎市高岡町の事件

川越静子さん所有の林地は宮崎市高岡町花見字山口に三ヵ所に分かれてあるが、合計面積は約〇・四一ヘクタール。そこが二〇一六年七月末に盗伐被害に遭った。

名義人は静子さんの夫、川越弘己さん。ただし被害に遭う三年前に亡くなっている。静子さんは林地を相続したが、登記上の名義変更はしていなかった。この林地は一九七二年に夫婦でともにスギを植えたところだ。当時の記憶は鮮明にある。

「結婚当時は貧しかったけど、田んぼが売りに出ていて、知人から買わないかと声をかけてもらい、借金をして土地を買いました。家も自分のものではないから、これが初めての財産でした。でも土地は米づくりにあまり向かず、登記を〝山林〟に変更しました。山間の窪地だから苗を植えるために水を排出しなければならず、毎回クワかスコップを持っていき、溝を掘って植林するのは、とても大変な作業でした。林地にはとても愛着があった。週に一回は山を見に行ってましたよ。主人と二人で、大きくなったら息子か孫に家を建ててやろう、なんて話をしてね。それが盗伐に遭い、悔しくて涙も出ない」

なお、当初は農地（水田）だったおかげで地籍調査も早くから行われており、土地の境界はしっかりしている。

この事件の特徴は、伐採中に発見されたことだ。事件当日、たまたま川越静子さんの息子が林地のすぐ近くにある田んぼに来ていて、林地からチェンソーの音がするため、見に行ったところ、伐採されているところを目撃し、急ぎ高岡警察署に通報したのだ。三人の警察官が駆けつけてくれたものの、そのうちの一人の警察官は、その場で示談を勧めて、示談書と思われる書面への指印まで要求している。

それを聞いた静子さんは、翌日、高岡警察署へ行くが、示談を勧めた警察官が署の入り口付近に出てきて、静子さんの話を聞かずに帰宅を促した。つまり「門前払い」である。

ここで重要な事実がある。伐採現場を目にした静子さんの息子は、一人暮らしはしているが、知的障がい者なのである。障害者手帳一級を持っており、警察などに指示を受けると極度の緊張状態に陥ってしまい、言われるままになってしまうという。

息子の障がいは近所の人々にとっては周知の事実であり、かつ示談させた警察官の住まいは息子の住所の近く。息子の状況も既知だったと思われる。

静子さんによると、「（息子は）漢字の読み書きができません。それに腎臓も患っており週に三回の人工透析に通っています。所要時間は一回当たり六〜七時間かかるので、平素から疲れてもうろうとしているような状態です。最近は耳も遠くなり、視力も低下していま す」という状態だ。

警察官がこの状態を知っていたとすれば、知的障がい者に対して適切な合意なしに故意に示談と文書への指印を強要した行為は、人権侵害行為に当たる。

数日後（八月二日）、H林業の社員二人が静子さんの自宅を訪れ、示談金二〇万円と「現場の片づけ、および植林をする」と明記した誓約書を置いていった。

「怖くて怖くて仕方なかった。顔もよく見られませんでした。彼らが表面的に詫びの言葉を発しているところへ『あんたたちは泥棒だ』と大きな声で言ってやるのが精一杯の抵抗でした。そうしたら『すみません、すみません』と、また口先で詫びるのみでした」

示談金のやり取りがあった後、静子さんは被害者の会の海老原さんと知り合い、一〇月六日に宮崎市へ伐採届の有無を調べるため情報開示請求をした。すると個人情報不開示決定通知書が宮崎市森林水産課より届いた。理由は「所有の土地にかかる伐採及び伐採後の造林の届出書の届出の事実がないため」である。つまり無届伐採だったのだ。

被害者の会のサポートを受けながら、その後も、静子さんは幾度も高岡警察署に足を運んだが、署員は話を聞こうとしなかった。盗伐被害に遭ってから約二年後の二〇一八年九月一〇日、静子さんらは弁護士等に頼ることなく自ら告訴状を作成し、高岡警察署に提出。受理された。

告訴状が受理された後、高岡警察署の四名によって実況見分が実施された（一一月八日）。ところが、その後調書作成のための聞き取りは行われていない。それなのに一九年四月一四日、静子さんの息子が宮崎地方検察庁から呼び出された。静子さんに連絡はない。一九年四月二五日に宮崎地検から「不起訴処分」の通知が届く。この件に対して、静子さんは被害者の会会長の海老原さんを代理人に立て、五月二七日に検察審査会に審査を申し立てた。

審査申し立て後、静子さんは高岡警察署へ抗議に行き、調書の開示を求めたのだが、警察は、「次回に見せる」と回答。ただ「息子さんは本当に障害者手帳を持っているのか？」と今更の質問があり、静子さんは強い憤りをあらわにしている。

「次回は見せる」と言われたので三日後の六月三日に再び高岡警察署へ行くと、今度は副署長と調書作成担当の警部補は、「静子さんと息子さん娘さんの家族のみであれば見せる」と言い出した。被害者の会のメンバーには見せないというのである。

ところで、検察審査会に申し立てる前に、静子さんと宮崎県盗伐被害者の会は、本件を担当した宮崎地検の副検事に面会を申し入れ、五月一三日に接見し重大な事実を知る。それは次のようなことであった。

1. 静子さんの息子は高岡警察と三回やり取りをしており、二回は息子が警察に出向き、一回は警察が息子の自宅を訪れている。
2. 息子の状況に関して調書への記載がない。知的障がいがあり、身体障害者手帳一級や重度心身障害者医療費受給資格者証などを取得していること、週三回、人工透析を行っていることなどに触れていない。
3. 盗伐被害のスギの本数は約四〇〇本だったが、一〇五本とされていた。
4. 盗伐業者は倉岡神社（宮崎市）の御神木の盗伐にも関与していたが、それに関する記載がない。
5. 副検事が宮崎中央森林組合に盗伐地の植林をするよう指示を出した。

これは根本的におかしい。とくに山林を相続した地権者は静子さんであり、被害者は静子さんなのだ。息子ではない。だが静子さんには事情聴取をせず、また静子さんに知らせることなく知的障がいのある息子から聴取している。

息子からも話を聞いて確認すると、高岡警察署から「一人で来てくれ」と言われたこと、二回目に警察に呼ばれたときに署名・捺印したこと、三回目に警察が自宅に来た際にも再び署名・捺印したこと、警察官には「調書を見てくれ」と言われたが、漢字の読めない息子さんは困惑してしまったこと、などがわかった。

障害者基本法を始め、障がい者の権利に関する条約を国が批准するなど、近年は障がい者の権利やその擁護に関する法整備が進んでいる。そして、障害者基本法第一条、第四条の理念等に鑑みれば、今回、高岡警察が息子さんに強いた行為は、知的障がい者への配慮に欠けた人権侵害と考えられる。

副検事は「息子さんが知的障がいを持つ身だと知っていたら呼び出さなかった」と回答したという。だが告訴状が受理される以前から、静子さんは高岡警察署とのやり取りの中で「息子は知的障がい者であり、彼には絶対に連絡をしないでほしい」と伝えている。

なお、息子はこの一連の警察・検察とのやり取りの後、パニック障害を患い、一層体調を崩してしまった。

被害本数と金額もおかしい。四〇〇本あったのに示談金が二〇万円では、スギ一本当たり五〇〇円である。調書通りの一〇五本でも二〇〇〇〇円程度と安すぎる。

盗伐した業者は、倉岡神社の境内の三四本の盗伐にも関与していた。同神社の宮司に対して「植林する」と言ったものの、履行されていない。この頃は、盗伐事件に関してメディアが多く報道をしていたが、この業者は静子さんの盗伐現場に残る切り株に砂をかけて隠蔽しようとしたところを目撃されている。

この余罪、および常習性についてなぜ触れなかったのか。

さらには跡地の植林に関しても、当事者の静子さんに連絡なしに勝手に植林業者（森林組合）が決められて行われようとしているのも不可解なら、そこに副検事が関与していたことも異常だろう。

植林の件に関しては、別途静子さんと被害者の会が宮崎中央森林組合に面会して確認したところ、副検事から指示があったから、別の会社に依頼して植林するよう話を進めていたという。地権者が知らないまま植林されようとしたとは有り得ない話だ。さらに苗木代を含む植林費用の負担は誰がするのか明確になっていない。その後の管理費（下草刈りなど）も負担者は不明である。被害者の静子さんに支払い請求がされる可能性が高かった。そこで宮崎中央森林組合に、植林を中止するよう申し入れている。

二〇一九年五月二七日に検察審査会に審査申立てをした結果は、七月一一日に不起訴相当の議決となった。これほど早い審査は通常有り得ない。ある司法関係者は「委員の選定だけでも時間を要するのが通例だが、議決までほぼ一カ月で結論が出るのは異例。本当に委員会を開いたのかも疑問」との見解を示している。

検察審査会が不起訴相当とした議決理由は「証拠不十分」である。ただし付言された検察審査会の意見は「本件のような事案の発生を今後防止するために、森林伐採開始時には、行政側の担当者が立ち会うなど行政機関が適切な対応を行われることを強く期待したい」とある。

ちなみに処分通知書には、罪名「森林法違反」で五件の事件番号の記載があり、被疑者は五人である。静子さんの林地の周辺のかなりの面積が伐採されているが、おそらくそれらの山林も盗伐に遭ったと考えられる。現場の状況と地籍図を照合しても、静子さんの林地の範囲を超えて伐採されていることがわかる。静子さんのほか複数の被害者がいるのだ。しかし、その被害者らが名乗り出ていないため、表沙汰にはなっていない。

なお静子さんの林地の隣には、元宮崎市長の所有林と、宮崎市有林がある。それらの森林は一切手を付けられていない。問題が大きくならない範囲を伐っている。これが偶然なのか意図的なのかはわからない。

すでに述べたように、この盗伐被害によって息子さんの二次被害も発生している。静子さんによると、「警察に呼ばれてからは精神もやや支障をきたし、また身体の健康状態も著しく悪化している。本人は『また警察から電話が来るかもしれない』と恐れています。無言で庭先に立ち尽くしていることもあるんです」。

海老原さんによると、高岡警察のある警部は、「高岡警察署をあげて捜査する。詐欺罪に該当する可能性もあり、大きな事件になる」と言っていたそうだ。ところがその警部は、別の警察署に異動になり、音沙汰がなくなった。

こうした高岡警察署の対応について、静子さんは「嘘つきで泥棒よりも性質の悪い高岡警察署を絶対に許さない」と強い憤りを隠さない。多くの盗伐被害者は、盗伐されたこと以上に、対応した警察のやり口への怒りを口にしている。

宮崎市高岡町の事件

2016年　7月末	盗伐被害に遭う。川越静子さんの息子が盗伐現場を目撃。高岡署に通報するも、警察官に示談を勧められる。
8月2日	H林業の社員2名が静子さん宅を訪問。示談金20万円の誓約書を置いていく。

	10月6日	静子さんは海老原さんと知り合い、サポートを受けながら宮崎市に伐採届の有無に関しての情報開示請求。10月20日付の個人情報不開示決定通知書で無届伐採が判明。その後、静子さんは海老原さんや盗伐被害者の会会員のサポートを受けながら、何度も高岡警察署を訪問するが、同署はまともに対応しなかった。
2017年	7月頃	H林業は盗伐現場に残る切り株に砂をかけて隠蔽しようとした。
2018年	9月10日	静子さんは自ら告訴状を作成して高岡警察署に提出、受理される。
	11月8日	高岡警察署の4名の警察官により実況見分を実施するが、調書作成に関しての連絡は5カ月間来なかった。
2019年	4月14日	静子さんの息子が宮崎地検に呼び出されるが、静子さんには知らされず。
	4月25日	宮崎地方検察庁より「不起訴処分」の通知を受け取る。
	5月13日	静子さんと宮崎県盗伐被害者の会は、担当した宮崎地検の副検事に接見。
	5月27日	静子さんは被害者の会会長海老原さんを代理人に立てて、検察審査会に審査申立て。
	5月31日	静子さんと被害者の会は高岡警察署に抗議し、調書の開示を求める。
	6月3日	高岡警察署は家族のみに調書を開示。
	7月11日	検察審査会より不起訴相当の議決を受ける。

4 宮崎県えびの市の事件

宮崎県南西部で鹿児島県と接する地域、九州縦貫自動車道と宮崎自動車道が交わるえびのジャンクションの近くの宮崎県えびの市大字西長江浦字川内。そこに志水惠子さんが被害に遭った山林がある。三筆あって、合計面積は約〇・三三ヘクタール。志水さんの亡くなった父親は、宮崎自動車道建設用地として林地の一部を提供している。なお現在の土地の名義は、志水さんの母親になっている。

ヒノキが多かったこの林地に志水さんは幼少の頃から馴染みがあった。当時、家を建てるために一部を伐採し、その後、父親に連れられて植林の手伝いもした。父親が亡くなった頃は、毎週のように墓参りをしていたから、山も目にしていた。

二〇一六年には林地を訪れて林地の状況と立木を確認した。よく育ったヒノキが四〇本、一回り小さなものが七〇本あり、まっすぐ一列に植えられていた。樹齢は五五～六〇年生だったが、なかには七〇年を超えるものもあった。

盗伐に気づいたのは二〇年一月二九日だった。陸上自衛隊霧島演習場に垂直離着陸機V‐22オスプレイが飛来すると聞いて、見学しようと演習場を見渡せる林地の高台に行ったときである。演習場は、そこから五キロぐらいだからよく見える。

林道に入ると空が見えるのに違和感を覚えた。そして山中に入ると「木がない」。驚いたことに、森はなくなりニンニク畑が広がっていたのだ。また無数の伐根が土がついたまま掘り起こされた状態で重なり合っていた。

志水さんはすぐに妹に連絡し、えびの市役所農林整備課に連絡を入れた。その日の午後、えびの市役所農林整備課主任主事らと、志水さん姉妹の四人で盗伐被害現場を確認した。えびの市の主事からは、志水さんの母親名義の山林である証明や境界を明確にする必要性を伝えられた。

同年二月六日、えびの市役所の呼びかけで関係者が現場に集まった。志水恵子さん、妹と友人、えびの市役所農林整備課係長、主任主事、そして伐採したIである。この日も現場には無数の掘り起こされた伐根が積まれていた。

Iの主張は、志水さんの山と隣接した土地を購入して、そこを伐採したつもりだという。

そして現場検証が始まると、Ｉは志水さん本人の面前にもかかわらず「境界について志水さんにも立ち会ってもらいました」と言い出した。

志水さんは冷静に「ここに妹もいますし、私たちで立ち会った者はおりません」と断言する。その後、Ｉは口を開かなくなった。

ニンニク畑のところで志水さんは法務局から入手した図面を広げて、えびの市役所の二人に説明した。ようやくＩは「間違って伐ったかもしれない」と一部非を認めた。

一方で、Ｉが、一七年一月に、山林を買いたいと志水さんの母親を訪ねてきていたことを、応対した妹が思い出した。そのときＩは「山を三〇万円で売ってくれませんか」と持ちかけていた。しかし大径木のヒノキがたくさんあるのに、山全体でそんな値段は有り得ない。「ヒノキ一本が三〇万円ですか」と聞き返すと、あっさり帰っていったという。

その後、志水さんはえびの警察署へ盗伐被害の相談に行く。応対したえびの警察署で、宮崎地方法務局小林出張所から取り寄せた一連の書類を見せながら被害概要を説明し、警察の対応を求めた。

警察官は「どこからどこまでが所有林ですか」と問うたが、重機で作業道を切り開いているので山の形が変わってしまっている。「こんなに変わっていたらわかりません」と答えるしかなかった。すると「あなたの山であると証明できますか」と言い出した。結局、志水さんの連絡先も聞かず、また持参した資料の受け取りも拒否した。

この対応に憤慨した志水さんは、鹿児島県湧水町《ゆうすいちょう》木場《こば》の土地家屋調査士に相談した。しかし「山の形が変わった状態では測量はできない」と言われる。えびの署を再訪問して訴えたが、「境界がわからないのでは捜査はできない」。志水さんは食い下がり続けたが、「捜査はできない」の一点張り。

途方に暮れていたところ、知人から宮崎県盗伐被害者の会の存在を聞く。早速電話し、警察への対応の仕方を教わった。そこで志水さんは、四月二一日に三回目のえびの署訪問をした。前回応対した警察官の上司（警部補）も応対したので、再び被害を説明したところ、現地調査を確約してくれた。

約一週間後、えびの警察署による被害地の現場検証が行われた。警察官のほか、えびの市役所農林整備課からも人が来た。そして志水さんと妹、友人の三人も出席する。

ところが警察の反応は、予想外のものだった。「木を伐った人に、残りの山を売ったらどうですか」と言い出したのだ。それも三度も繰り返したという。

この点について後に苦情を入れたところ、えびの署の回答は「被害者救済として、このような方法もある」であった。これは警察が民事に介入したことになる。

こうした対応に不信感を抱き、ストレスによって、志水さんは一時期心身状態を崩してしまう。被害者には、警察とのやり取りで心身を痛めて鬱症状に陥る人も少なくないことがわかっている。いわば盗伐の二次被害である。

五月、えびの市役所に情報開示申請をしたが、「公文書非公開決定通知書」には「公文書不存在」との記載のみで、「無届伐採」であることが判明した。その後も、志水さんはえびの市役所、えびの警察署とやり取りを重ねたが、事態はまったく打開しなかった。そこで志水さんは「告発状」を作成。告発状とは告訴権者以外の者が被害を申告するものだ。盗伐地の所有を証明できなくても訴えられる。九月一四日、それは正式にえびの警察署に受理される。

一〇月になり、えびの警察署員四人による実況見分が実施された。行ったのは、伐採された木の本数を確認するための切り株探しだ。

まず警察は、志水さんの所有地周辺で境界線となる杭を探した。林道側に三本、ニンニク畑側の三本を確認する。次にニンニク畑周辺の確認作業に入り、切り株の採寸、伐根の測量を実施した。最終的に二九本の切り株を特定し、採寸した。

ようやく実現した警察による実況見分だが、事は想定外の方向へ進んでいく。

一一月五日、連絡を受けえびの警察署に出向くと、警部より「志水さんの件は時効です」

と伝えられたのだ。

この指摘は実に不可解である。警察の言い分では、伐採した会社の日報、領収書、供述などを捜査した結果、伐採は一七年二月下旬に始まり三月二八日に終了しているとした。森林窃盗の時効は三年ゆえ、二〇年三月二八日に時効が成立しているというのだ。

だが盗伐を発見したのが二〇年一月二九日。二月六日にえびの市役所による現場検証が行われ、被害を訴えるためにえびの警察署を訪問している。

しかも「誤伐」を主張しているIが、盗伐被害地と隣接する土地を購入（所有権を移転）したのは一七年三月二三日である。つまり二月下旬〜三月二三日の期間はまだ自身のものになっていないのだから伐れない。伐ったら完全に他人の土地の木を勝手に伐ったことになる。また伐採届がえびの市役所に提出されたのも三月二三日付だ。そこには「届出提出後、三〇日以後に伐採する」よう記載されている。隣接地の伐採とほぼ同じ時期に志水さんの山林を伐採したことは、十分推認されるだろう。

また一一月五日に警察署を訪れた際には、突然供述調書をつくると言われ、志水さんが断ったところ、「供述調書は今日でないとダメです」と言い出した。その場で宮崎県盗伐被害者の会会長の海老原さんに電話をして、警部とやり取りが行われた。すると「今日でなくてもいい」となった。

ところが志水さんが帰ろうとすると、「出来上がった供述調書を読み上げますけど聞きますか?」と問われたというのだ。その調書は、いつつくったのか。

こうした警察の対応に不信感を持った志水さんは、宮崎県盗伐被害者の会のメンバーとともに一一月二五日、宮崎県警察本部に苦情申出を行った。そして時効ではないという志水さんの苦情に対する「文書での回答」を強く要請した。しかし宮崎県公安委員会の文書による回答は、「調査の結果、一連の職務執行は適正であった」だけである。

一二月二一日、志水さんは、えびの警察へ電話で問い合わせると、「えびの署では書面での回答はしていない。県警本部監察課からも何も聞いていない」という返答で、書面での回答を断られた。そのときのメモによると、以下のようなやり取りがあった。

二〇年二月にえびの警察署を訪問した事実が否定されていたことを追及すると、「四月二一日の訪問が最初だった」と主張する。

志水さんが二月に二度訪問をしたのは間違いなく、証人もいる。最初の訪問の際、えびの署から「あなたの山であることを証明できますか」と問われたため、鹿児島県湧水町の土地家屋調査士に調査依頼をしたからだ。また四月二一日の訪問時の対応者は一人ではなく、警部補も加わり二名だったことも捻《ね》じ曲げられていた。

二一年一月八日、再度回答について確認するためにえびの署を訪問し、副署長に「今日、私が訪問したことは記録に残してもらえますね？」と確認すると、「記録に残しませんよ。被害届を受け取っていないでしょ」という回答だった。

なお盗伐だけでなく、他人の土地をニンニク畑にしたことは不動産侵奪罪なのに、なぜ逮捕しないのか、という質問に関しては、「犯人による証拠隠滅の恐れや逃走する可能性がないため逮捕する要件がない」とのことだった。

しかし容疑者Iが「他人の山の木を盗んだり、山を転売している」という話は地元に広くあった。その中には盗伐跡地を勝手に畑にしている事例もあるのだ。

ほかにも警察の対応に関して数多くの疑問がある。過去の発言を認めなかったり、明らかに事実と異なる回答を行うこともあった。問い詰めると、回答できないと繰り返し、勝手に席を立った。その後も面会を求めたが、何も応じなくなった。

こうしたえびの署とのやり取りにより、二月下旬に、志水さんは再び体調を崩し、突発性難聴と鬱症状を発症した。

二一年三月一一日、ようやくえびの署で志水さんの供述調書の作成が始まった。その際に、志水さんは手書き作業を要望し、受け入れられた。手書きを要望した理由の一つは、容易に編集可能なパソコンでの作業ではないこと、そして目視確認できるためである。しかし、えびの署は捜査資料に関して志水さんに情報開示することはなかった。

志水さんは、えびの署へ行く前に宮崎地方検察庁の告訴・告発係に相談している。すると「警察の調書に志水さんの反論と同意できない理由を記載してもらうとよい」との助言を得ていた。

四日間で計一二時間をかけた調書は、二一年五月七日、えびの署から宮崎地方検察庁都城支部に送致された。検察の判断を待つ間に、宮崎地検都城支部の副検事宛に新たな証拠となる資料二つを提供した。市役所の証言のほか、グーグルアースの衛星画像である。衛星画像は三種類あって一九年一月四日（伐採跡なし）、一九年一〇月三〇日（伐採跡あり）、二〇年二月二一日（伐採跡あり）である。この画像から伐採が行われたのは一九年一月四日から一〇月三〇日までの間であると証明できる。警察が時効の根拠としている（伐採は）一七年二〜三月という主張は崩れる。

しかし副検事は「森林法は時効で、不動産侵奪罪（他人の土地をニンニク畑にした件）に関しては志水さんの森が盗まれた証拠がない」と回答した。都城支部に提供した資料も、副検事は見ていないという。

志水さんが「では現場を見てください」と言えば、副検事は「現場に行きました」と答える。しかし現場状況についての質問をすると答えられない。そもそも副検事は「伐採届がないと伐採できない」ことすら知らなかった。森林法関係の知識が欠けている様子である。

二一年七月九日、宮崎地検都城支部から不起訴処分の通知が届いた。

被害者の会ではこの事態を打開すべく、再び田村貴昭衆議院議員に働きかけ、二一年八月二七日に議員の現地視察が実現した。その後、衆議院農林水産委員会において、志水さんの被害現場視察に基づく国会質問をしている。

期を同じくして、志水さんは宮崎地方検察庁に、これまでの内容に不動産侵奪罪、軽犯罪法違反、証拠隠滅罪、そして容疑者が入れた作業道によって境界杭が壊された境界損壊罪を加えた告発状を直接提出した。

八月三〇日午前九時に窓口に提出しようとすると、応対した告訴・告発係の課長が内容を確認し、別室で直すべきところを指示してくれ、午後七時半までかけて修正し、ようやく提出できた。出来上がった告発状は志水さんの言い分を十分に伝えるものとなった。

その後、宮崎地検本庁課長から告発状が正式に受理された旨の電話連絡があり、「一度不起訴処分とされた案件が再び受理されたことは宮崎県初で、全国でも異例」と言ったそうである。そして九月二八日に検察審査会に審査申立てをして、受理されたのである。

こうした動きとは別の〝事件〟も起きている。盗伐したIは、志水さんの土地とされた場所の耕作を、その後も続けていた。そこで一〇月七日、志水さんは盗伐地の中でニンニク畑化された場所に「立ち入り禁止」看板を立てた。しかしすぐに壊されてしまった。一一月に再び「立ち入り禁止」看板を立てたが壊された。一二月二一日、今度はコンクリートで基礎を固めて頑丈な看板に仕立て上げたが、それも引き抜かれてしまう。

志水さんは、えびの署へ器物損壊被害の告訴状を提出した。えびの署の警部補は容疑者Iを呼び出して確認をすると、「看板が見えなかったから農機具がぶつかった」と供述した。志水さんが写真を見せながら「これはぶつかった話ではないでしょう。切り裂かれていますよ」と問うと、警部補も小さな声で「私もそう思います」と発言した。

なお志水さんの被害地近隣に、同様の盗伐被害者が四人いたことがわかった。四人のうち三人は、すでにIからわずかな示談金を受け取っていた。しかし残る一人は、盗伐被害者の会がサポートし、告訴状を宮崎地方検察庁に提出することにした。宮崎地検本庁にも告発状を提出し受理された。

だから、この事件は今も続いている。

宮崎県えびの市 志水さんの事件

2020年 1月29日 山が盗伐されてニンニク畑がつくられていることに気づく。同日、えびの市役所に連絡し、現地を確認する。

2月6日　えびの市役所の呼びかけで、志水家や伐採したIが現地に集まる。えびの警察署に相談に行く。

4月　宮崎県盗伐被害者の会の存在を知り、海老原氏に連絡。対応策を聞き、21日に3回目の警察訪問。現地調査の確約を得る。

4月27日　えびの警察署が現地確認。「伐った人に山を売りなさい」と繰り返される。

5月8日　えびの市に伐採届の開示請求。

5月18日　えびの市から「公文書不存在」通知。無届伐採を確認。

9月14日　警察も市役所も対応が煮え切らないため、打開策として、告発状を作成、受理される。

10月2日　えびの警察署の実況見分。切り株を探して数を確認。

11月5日　えびの警察署より「この件は時効になっている」と通告。

11月25日　えびの警察署に苦情申出。文書での回答を求める。

12月21日　文書での回答を拒否。また2月にえびの署を訪問して届けたことを否定される。

2021年

3月11日　えびの署で供述調書づくり手書きを要求。

5月7日　えびの署から調書を宮崎地検へ送致。

7月9日　地検都城支部より不起訴通知。

8月27日　田村貴昭衆議院議員が現地視察。後に国会質問する。

8月30日　宮崎地方検察庁に告発状を提出。

9月28日　検察審査会に申立てをし、正式に受理。
10月7日　ニンニク畑にされたところに立ち入り禁止の看板を立てる（後に破壊される）。

5 兵庫県佐用町の事件

宮崎県だけではなく、他の地方の事例も紹介したい。取り上げるのは、兵庫県佐用町上《さようちょうかみ》本郷《ほんごう》で起きた事件である。この森林所有者である井口義信さんは奈良県在住で、最初に上本郷の所有林で起きた無断伐採に気づいた際に、私のところへ連絡があった。私が、ネットなどに盗伐問題の記事を多く執筆していたからだろう。

つまり私も早くからこの事件を知って関わったことになるが、改めて整理して紹介したい。こちらは、さまざまな点で宮崎県のケースとは違っている。

井口さんは佐用町の出身で、就職時に奈良県に移り住んだ。現在は独立して機械設計などを行う事務所を経営している。佐用町の実家は、両親が亡くなり空き家になったが、正月、五月の連休、お盆……と年に数回は帰っている。

井口家は森林を何カ所かに持っていた。そのうちの一つの山が今回の事件の舞台だ。なお佐用町には井口家に連なる多くの縁戚が今も住む。

最初に事態を知ったのは、二〇二〇年四月。在郷の親戚から「山が伐られているが了解したのか」という連絡があった。もちろん、何も知らない。そこで大急ぎで帰郷すると、持ち山の約四分の一、山裾の部分がすでに伐られた後だった。そこには七〇年生のスギやヒノキが植えられていた。伐られた跡が確認できたのは、八〇本程度だが、おそらく全部で一〇〇本以上が伐られた。いずれも直径三〇センチ以上の立派なものだ。

しかし不思議なのは、それらの木が伐採後持ち出されなかったことだ。そのまま現地に倒されている。それも長さ一～二メートルぐらいの丸太に刻んで転がされていた。通常、木材として使うには三メートルか四メートルの長さに揃えた丸太にする。二メートル以下では、特殊な用途でないと売り物にならない。しかも持ち出さずに重なるように転がされているのだ。

伐られた山の裾野には、井口一族の墓地があった。その墓石に伐られた丸太がぶちまけたように積み重なっている。これでは後に搬出することも難しい。もちろん墓石も傷つき墓自体が破壊されたと言える状況だ。

なお墓地の隣に、地目《ちもく》は畑地になっている土地があるが、そこにも植林されて木が育っていた。持ち主は井口家の係累Yさんだが、その木も伐られている。

町に情報開示を求めて伐採届を確認したら「不開示決定通知書」が出された。「保有個人情報の不存在」が理由である。つまり伐採届は提出されていなかったのだ。

それでも地元の情報で、伐ったのは佐用郡森林組合であることがわかった。そこで抗議に行くと、近隣のM家の人物二人の依頼があったから伐ったと言われた。その二人は親戚同士のTとMで、どちらも八〇代。

彼らは、隣家のYさんに伐採許可を取ったと言う。Yさんによると、たしかに申し入れはあったというが、それは彼の所有する畑地部分だけだ。井口さんの山は彼の所有ではない。管理も請け負っていない。M家の二人は、境界線をYさんとともに確認したというが、Yさんは杖をついてようやく歩ける状態で、山に登れるはずがなかった（その後、Yさんは介護施設に入所した）。

M家の言い分は、自分たちの田畑に山の木の影がかかっているから伐るように言ったのだという。しかし、方位や田畑と伐った木の位置関係を考えても、まったく理屈に合わない。その点を追及しようにも、二人は、井口さんとの接触を拒否し、電話しても文書を送付しても、まったく応じない。

さらに複雑なことがわかってきた。二人が伐採させたのは、井口さんの山とYさんの土地だけではなかった。井口さんの山に隣接する林地の所有者二人にも申し込んで、森林組合に木を伐らせている。本数は十数本だったが、その木も搬出していない。

ここでおかしいのは、伐採を行った森林組合が、かかった費用を所有者二人に請求していることだ。それも安くない金額である。当人たちは納得いかなかったというが、田舎の人間関係もあって支払っている。

おそらく森林組合は、井口さんの山の伐採費用も井口さんに請求するつもりだったのだろう。ちなみに井口さんがこの伐採問題を追及し始めると、MはYさんに四万円を持ってきたという。伐採を了解してもらった謝礼という意味合いだろうが、それはYさんの土地の分であり、井口さんの山を伐ることを認めたことにならない。

井口さんは森林組合にも質問状を出している。

その回答によると、あくまで伐採は、M家の二人の依頼を受けて行ったことだという。契約内容は、伐倒と玉伐り（幹を刻み丸太にすること）と枝払いまで。搬出などは請け負っていない。

驚くのは、森林組合は依頼を受けた際に、伐採届の有無や山林の持ち主の確認、境界線の確認もしていないことだ。伐採終了後の届け出もしていない。ただ依頼者の言う通りに伐採しただけという。この対応は、ちょっと信じられない。森林組合が伐採に関する所定の手続きを知らなかったはずはないし、それを守らずに請け負ったとなると、違反行為であるとともに倫理的にも問題がある。

とにかくM家の二人は聞き取りも交渉も拒否しているため、違法伐採した理由もわからず、また損害賠償などにも応じない状況だ。

井口さんは、地元の佐用町警察署に被害届を出そうとしたが、受け取りを拒否された。警察としては、刑事ではなく民事で解決してほしい意向だった。警察に質問状を提出しているが、まったくの無回答である。また検察庁にも被害届を持っていったが、突っ返されたという。そのため、現在、民事訴訟の準備中である。

その際の被告は、T、Mの二人に加えて佐用郡森林組合も入れている。告発内容は、無断伐採と森林窃盗、境界線損壊、器物損壊、不法投棄（伐採木の放置）、私文書偽造、詐欺、名誉毀損・侮辱罪、礼拝所不敬及び説教等妨害などを含む。そこには樹木の伐採に加えて地形の破壊、墓地の破壊、それに対する侮辱的な言葉などが含まれている。そして現状回復と慰謝料を請求するものである。

この事件が不可解なのは、目的がはっきりしない点である。木材を窃盗して販売利益を得ようとしたわけではなさそうだ。一方で意図的に墓石の上に木を倒し、墓地を破壊している。発覚後の態度もおかしい。もしかしたら、井口さんの父の代に、M家の二人と確執があったのかもしれないと想像もするが、具体的な証拠はない。また、父が亡くなって長く経った今になってからの事件という点でも理解しづらい。

さらに森林組合の対応も、驚くばかりである。請負仕事だとしても、伐採届の有無を確認しないのはあまりにも基本的な手続きを無視しているし、依頼があったとしても墓地を破壊するような倒伏の仕方も信じ難い。しかも、被害者に伐採代金を請求し受け取ったという点もおかしい。井口さんの山に関しては、井口さんはもちろんM家も支払っていないだろうから、まったく収入にはならない仕事になっている。もしかしたら伐採に関した補助金を申請するつもりだった可能性はある。組合にとっては、それが目当ての伐採だったのかもしれない。

事件発覚後、現状保存のため、現場には手をつけていない。今も丸太は墓石にのしかかり、また墓地全体を埋めてしまっている。

宮崎県で起きているような組織的・業界絡みの盗伐とは違い、個人的な行為である可能性が濃厚であるものの、それがより事件の全容をわかりにくくしている。

二三年に入ってM家のTが亡くなった。余計に動機などを解明するのが難しくなりそうだ。民事訴訟も、相続人はいるにしても厄介な展開になりそうである。

ただ感じるのは、現在は地元に住まない井口さんが告発したから表沙汰になったが、そうでなければ田舎の一出来事として埋もれてしまった可能性があることだ。いくら不満があっても、古くからの地元同士の人間関係では告発するのは難しい。こうした事例は、おそらく全国にあるのではないか。

私は、奈良県の山村で次のような話を聞いたことがある。

樹齢六〇年生のスギが生えていた持ち山を、森林組合から伐採を提案されて了解した。ところが伐採した木は全部搬出されたのに、一銭も木材代金が所有者に支払われなかった。赤字だったから払えないという。木材の販売代金を受け取れると思ったから伐採を了承した所有者は怒り心頭である。

これには疑問がある。森林組合は、伐採作業に対して補助金を受け取る（通常、国や県などから出て、経費の七割以上が賄われる）ので利益を出しているはずなのだ。

おそらく森林組合は、木材販売で利益を出すのではなく、補助金目当ての伐採を行ったのだろう。この手の話は数多い。森林組合も民間の林業事業体も、木材の代金ではなく補助金で儲けるつもりなのだ。だから、とにかく伐採仕事があればよい。山主が損をしても平気である。最初から木材販売だけでは赤字になると見込んでいても、そのことを所有者に伝えず伐採の了承を取りつけ、自分たちだけが利益を得るケースが少なくない。ただ山主は怒っているものの、告発などは考えていない様子だった。田舎のメンタリティは、法的に争うことへの忌避感が強い。

宮崎県では、盗伐の被害を訴えると村八分になるという声もあった。騒ぎ立てることを、非常に嫌がる。とくに加害者側が同じ地方の人間の場合は、表沙汰にしないという不文律がある。だから取材を受けない、取材に応じても匿名にしてくれというのである。村社会では、事を表沙汰にして争うことに対して、有形無形の圧力がかかるのだ。

山村社会では、盗伐もしくはそれに類した伐採案件は想像以上に多いのだろう。

兵庫県佐用町　井口さんの事件

2020年

1月12日	M家が森林組合に伐採依頼。
	M家の二人はYと境界線確認のため山に登ったと主張。
4月	井口氏、無断伐採の連絡を受けて帰郷、確認する。
5月	たつの法務局で地籍図を入手。
6月25日	佐用町に伐採届の開示請求。
7月2日	不開示決定通知（伐採届の不存在）。

	7月13日	佐用町森林組合に質問状を提出。
	7月20日	佐用町森林組合より回答。M家との契約内容を提示される。
2021年	5月	たつの警察署に被害届(不受理)。
	8月	警察官が現場確認し、佐用町役場でも事情確認。
2023年	8月1日	たつの警察署に質問状を提出(無回答)。

6 鹿児島県霧島市の事件

完全に賠償を勝ち取った事例も紹介したい。舞台は、鹿児島県霧島市横川町。実は盗伐の首謀者は、宮崎県で起きた事件とも関係はあるのだが、展開はかなり違う。

被害を受けた山(約七ヘクタール)は井下義雄名義だが、当人は高齢であり、事件に直に向き合ったのは、長男修さんと次男信賢さんだ。修さんは千葉県在住で、信賢さんは地元に残っている。

盗伐の発覚は二〇二〇年四月五日。信賢さんが山林を見回った際に、一部が無断伐採されていることに気づく。伐採が行われていた隣地から越境して伐ったのだ。

それから信賢さんは現場に張り込んだ。まだ伐られた木が現場に残されていたので、必ず再び来ると見込んでのことだった。そして三日目に来た業者を捕まえるのである。現場担当者は、本社から改めて連絡すると釈明したのでいったんは収めた。ちなみに伐採した会社は、従業員数五〇人を超える鹿児島県では大手の業者である。木材生産部門に加えて製材部門や木材運搬などの運輸部門も抱えている。

だが、連絡がないため信賢さんから同社に電話して違法な伐採が行われたことを通告した。するとブローカーから電話が入った。このブローカーが隣地の森林を斡旋して林業会社が購入したという。だが境界線を間違えて越境して誤伐した、という言い分である。ところが、現場を訪れて確認を行うとした約束の日をすっぽかした。それから八五回電話したが出なかったという。しかも、その間に伐った木材は勝手に搬出されてしまった。

そこでブローカーの自宅を突き止めて訪ねた。そして境界侵犯と伐採を認めさせる。伐られた木の本数は、会社側は五六本と申告したが、独自に調べたところ六七本だった。

ブローカーは、誤伐代金一二万円を払うというが、拒否。森林組合の見積もりを基に、五三万六〇〇〇円を要求し合意させた。

ブローカーから分割で払うから最初は一二万円を受け取ってほしいと言われるが、これも拒否。これは一度受け取ると示談扱いになって警察も受けつけなくなり、その後の支払いをうやむやにするという事例があるからだという。

約一ヵ月後、代金を受け渡すということになり修さんも千葉から駆けつけ、信賢さん、妹夫婦、新聞記者も同席して鹿児島のホテルでブローカーに会った。ところが肝心の金を持参していない。それは約束違反であり、千葉からの交通費も関連損失として二〇万円を上乗せするよう要求し、計七三万六〇〇〇円を支払う、払うまでブローカーの山（八ヘクタール分）の権利書を預かるという誓約書を作成する。

だが、案の定約束をすっぽかし完全に連絡を絶った。そこでブローカーではなく林業会社宛の損害賠償請求裁判を起こすことを通告した。

「この頃から、これは誤伐ではなく、誤伐を装った盗伐だと確信しました。そこで霧島警察署に相談を開始して被害届も提出しました。鹿児島まで幾度も往復した旅費などを考えると、仮に損害賠償を勝ち取っても完全に赤字なのですが、金ではなく犯罪行為を立証することを優先するという覚悟を持ったんです」（井下修さん）

ところが今度は鹿児島の大手法律事務所から、林業会社の代理人になったと文書が届く。

それからは法律を基にした闘争になっていく。細かな点は省くとして、重要なのは、ブローカーと林業会社の立木売買契約書の提出を要求したのに出されなかったことだ。それでは両者の取引が確認できない。これが後に重要な意味を持つ。

しかも弁護士は、林業会社だけでなくブローカーの代理人も務めることになったという。会社の言い分はブローカーに騙されたとしているのだから、対立関係にある両者の代理人を同じ事務所が務めるのは、「利益相反《そうはん》の受任」である。だから弁護士職務基本規定の違反に当たる疑いもあった。

その後、警察も現場検証に入った。その際に無断伐採で立件できるのは四三本だとされたが、損害賠償請求額は、以前に合意した六七本分で押している。

もう一つ重要なのは、井下家所有の山は、この盗伐事件の直前に間伐を済ませていたことだ。間伐は森林組合に依頼したが、国からの補助金が（県経由で）出る。ただし間伐するとその後は五年間伐採禁止になる。間伐は、残した木の保育効果を得るために行うものであるから、それをすぐに伐ったら保育しなかったことになるからだ。

盗伐にしろ、誤伐にしろ、間伐直後に残した木を全部伐られたわけだから、補助金の返還命令が出たのだ。森林組合は県に返し、県は国に返還するのだが、森林組合は当然ながら伐採した会社に同額を請求した。ところが会社はこの補助金返還に応じなかったため、県の環境林務部や地域振興局も動きだす。これも会社側への圧力になっただろう。

ただ二二年末に検察庁から嫌疑不十分で不起訴決定をしたという連絡があった。その理由は電話でかなり詳細に説明されたという。その内容に納得できなかったので検察審査会に申立書を提出する。すると不起訴不当議決が出た。その後再捜査となったが、刑事事件としては再び不起訴となる。このときも電話ながら詳しい理由説明があったそうだ。

ところが驚きの展開となる。二三年二月、なんとブローカーと林業会社が、井下修さんに対して損害賠償請求権はないとする「債務不存在確認請求」という裁判を起こしたのだ。所有名義が父であり修さんではない点を突いたわけだが、おそらく民事訴訟で圧力をかけようという弁護士の入れ知恵だろう。しかし、加害者が被害者を訴える事態となったのだ。これには裁判の席で裁判官自身が「不可解」ともらしたほどである。

一方で被告となった修さんは、ブローカーの確定申告書などの開示請求を行った。林業会社との取引実態を明らかにしようというものだが、申告していないと脱税行為がばれることになる。それは林業会社側も一緒だ。先の立木売買契約書が出てこなかったことも脱税の証拠となる。

結局、ブローカーと林業会社は全面的に訴えを取り下げ、和解を申し込んできた。

骨子は、過失による伐採を認める、謝罪し再発防止を約束する、解決金七三万六〇〇〇円を支払う……というものだ。しかし裁判官は、林業会社とブローカーが一度は井下さんを訴え、和解を拒否した点から、この提案を認めず、裁判の判決を出した。そして解決金と補償金が支払われた。

以上、事実関係の流れを追ったが、盗伐事件としては珍しく完全解決し、しかも裁判で「判決」が出たことは特筆すべきだろう。

なぜ、それが可能だったか。いくつか考えられる要素がある。まず井下家の動きが早かった。修さんと信賢さんは森林組合の組合員でもあり、昨今の林業事情にも通じていた。また修さんは総合商社の勤務経験があり、ビジネスの要諦を理解しターゲットを絞って相手の弱いところを上手く突いている。契約書の有無、補助金や脱税疑惑などを指摘して戦略的に動いた。しかも、面談時の会話を録音し、現場写真、約束を文書にするなど法的に肝となる証拠を押さえた。警察も被害届を受理しやすかったのだろう。

一方で林業会社が比較的大手のため体面を気にしたことも影響したようだ。警察の捜査が入ったり裁判が長引いたりすれば、今後の仕事に差し支える心配があった。取引先や取引銀行に大手企業が多いのだ。その取引先には、別ルートから盗伐材を扱うことへの注意喚起も行われていた。さらに鹿児島県が動いたこともあるだろう。

さらに言えば林業会社もブローカーも稚拙なミスが多い。細かく事件や取引の流れを追うと、森林法違反や取引、経理上の違反などの行為が山ほど見つかるのだ。そして最初に井下家側に罪を認めて賠償請求に応じるとともに、(担保として)ブローカー所有の山林を預かる誓約書を書いたのだから、ごまかしようがなかった。

とはいえ、補償が十分だったとは言えない。修さんは千葉と鹿児島を幾度も往復したわけだから、交通費だけでも馬鹿にならないし、再造林費用の問題もある。収支で言えば確実に赤字だ。井下家側は、それを承知で追及したわけだが、誰もが最後まで頑張れるわけではなく、裁判費用に耐えられず折れる被害者もいるだろう。

一方で、これは大手企業であっても盗伐に手を染めていることの証明でもある。実は、この林業会社は宮崎県の盗伐事件にも顔を出しているのだ。次章に紹介する海老原さんの事件に関わっている。表ではブローカーなどに責任を押しつけているが、全体の策略を練ったのは、こうした林業会社であることが多いと考えられる。

さらにこの会社は、クリーンウッド法の第一種、第二種木材関連事業者登録を済ませていた。クリーンウッド法に関しては後に説明するが、合法木材を扱う、と国に示して登録した業者なのである。国のお墨付きのある会社が盗伐をしていたとなると、大事になる。

また扱う木材は、商社やゼネコンなどに供給されている。そこから製材加工されて全国に流通していく。つまり、盗伐した木材が、素性がわからぬようロンダリングされて全国で使われている。

盗伐は一部の怪しげな業者の行うことと思いがちだが、表向き合法的にビジネスを行うことを表明している大手企業が、国や自治体から補助金を受け取りつつ裏でうごめき、盗伐を主導しているのかと思うと、暗澹《あんたん》たる気持ちになる。

同時に、鹿児島県や宮崎県の盗伐事件は、個人的な犯行ではなく、大手企業も〝参加〟して行っていることが図らずも証明された。業界がらみなのである。それは現在の盗伐事情の異常さを浮き彫りにしている。

鹿児島県霧島市の井下さんの事件

2020年

3月	井下家の山林が無断伐採される。
4月5日	井下信賢氏が無断伐採を発見。
4月8日	張り込みの結果、伐採業者を取り押さえ。
4月9日	業者に通告。ブローカーから電話。
4月26日	ブローカーの自宅を突き止め現場確認。違法伐採を認めさせる。
6月18日	誤伐代金の交渉。ブローカーと53万6000円で合意。
7月14日	支払い日にブローカーが賠償金持参せず。関連損失を含めて73万6000円の支払い要求、合意。

	8月6日	法律事務所より業者の代理人になったとの連絡（後、ブローカーの代理人も務めると連絡）。
	8月	ブローカーが賠償金を支払わないため、業者に対して損害賠償請求裁判を起こす。
	9月	霧島警察署に被害届提出（受理）。
	11月20日	霧島警察署による現場検証。
2021年	6月18日	鹿児島県が違法伐採に関して間伐補助金の返済命令。
2022年	9月14日	補助金返還が行われないため、県が業者訪問。
	12月28日	鹿児島地検から不起訴決定通知。
2023年	1月5日	検察審査会に申立書を提出。
	2月2日	検察審査会で不起訴不当議決。
	2月2日	業者、ブローカーが連名で「債務不存在確認請求」の裁判を起こす。
	3月14日	鹿児島地検より再捜査の結果も不起訴と通知。
	6月27日	業者、ブローカーが訴えを取り下げ。和解の申し出。
	7月18日	裁判官は和解を認めず、判決を出す。
	8月31日	73万6000円が振り込まれる。

3

「山が消えた」被害者の会設立へ

1 戦う盗伐被害者の登場

盗伐は、全国で数十年も前から行われていたらしい。それがここ十数年はとくにひどくなった。ただし犯人を特定できなかったり、特定してもわずかな賠償金で済まされてきたりしている。たいていは表沙汰にせず、関係者の間で収められてきた。言い換えると、被害者はずっと泣き寝入りを続けてきたのだ。

それが世間、とくに宮崎県で知られるきっかけをつくったのは、二〇一六年に発覚した事件からである。被害者である海老原裕美さんは、これを契機に「宮崎県盗伐被害者の会」を設立し、広くこの問題を追及する運動を始める。そこで、この海老原さんの事件とともに被害者の会について紹介したい。

海老原さんが被害に遭った山林の所在は、宮崎市大字瓜生野《うりゅうの》字ツブロヶ谷。主要道路に面した林地だ。面積は帳簿上では〇・二一ヘクタール。この山は、裕美さんが生まれた記念に両親が手に入れた山で、母親の明美さんにとって愛着のある山だった。裕美さんも、中学生のときに訪れて下草刈りや間伐をした思い出がある。

山を購入したのは五〇年以上前だ。盗伐されたときには五〇〜六〇年生のスギ林となっていたことは間違いない。十分に木材として売れる太さに育っていただろう。二〇〇本のスギ苗が植えられていた記憶もある。

山の異変に気づいたのは一六年八月。海老原さんの家族は現在千葉市に住んでいるが、お盆に帰省し、墓参りでたまたま林地を通りかかった際、母が「私の山がない」と言い出した。記憶のある土地には、木が一本も見えなかったのだ。

裕美さんは最初何かの間違いではないかと思ったが、母は「間違いない。ここに私たちの山があった」と言うので、翌日法務局にて地籍図を入手し確認した。すると間違いなくその皆伐された場所が、海老原明美名義の山林だった。

海老原さんは、宮崎市役所や宮崎北警察署に被害の相談に行く。だが、まったく取り合ってもらえなかった。

そこで海老原さんは、宮崎市役所に伐採及び伐採後の造林の届出書、いわゆる伐採届に関する情報開示請求をした。すると驚くべきことがわかった。開示された文書には、一五年前に亡くなった父親の海老原政勝さんの署名と捺印があったのだ。

死んだ人の署名捺印。もちろん偽物だ。明らかな有印私文書偽造、同行使が行われたことになる。これは犯罪である。

伐採届は、森林法に規定された手続きとして、それが受理された後に「伐採後の造林に係る権限を有する者」、つまり森林所有者に対して適合通知書が送付される。宮崎市役所も、裕美さんの父親である海老原政勝宛てに三回も送付していた。この世にいない人であり、昔の住所に海老原家は住んでいないのだから、三度とも市役所に返送され、通知書の事務未処理状態になっていた。

海老原さんは宮崎市役所と宮崎北警察署に対して、盗伐や有印私文書偽造で「捜査してほしい」と繰り返し要望し続けたものの、両者とも動かなかった。

通知書が戻ってきたのだから、伐採届の記載内容を住民票と照合などをしていれば、本人が死亡していることがわかり、この伐採届が偽造であると判断できる。盗伐は未然に防げた可能性もあったのだ。

こうした状況を受け、海老原さんは各報道機関に訴え記者会見をした。その内容は、宮崎の地方紙のほか全国紙の地方版、そしてテレビニュースでも取り上げられた。さらに宮崎市議会の伊豆康久議員は、平成二八年第六回定例会（一六年一二月六日）から継続して「盗伐問題」についての宮崎市の対応を追及した。

新聞やテレビのニュースで取り上げられたことで、ようやく宮崎北署が動いた。一六年一一月、海老原さんの被害地の境界や被害状況を確認する実況見分を行っている。相続者の明美さんは約二〇〇本の立木があったと主張したが、警察の見分結果は三九本。担当警察官によると、本数は切り株が目視で確認できたものに限られるからだという。なお実況見分は一二月にも行われた。

このような盗伐現場の実況見分は、宮崎県では初めてのことだった。

翌一七年三月、宮崎北警察署は海老原さんの「示談には応じない。犯人に対する厳しい処罰を希望する」という意思を確認した上で、ようやく被害届を受理した。

その後、警察は本格的に捜査に乗り出した。一七年七月一九日には、容疑者の家宅捜索を実施。対象は一一カ所で約四〇〇点の押収物があったそうだ。

なお宮崎市に対して海老原さんが「すでに亡くなっている人物の名前が記載されているのに、その文書を市が受理したのはおかしい」と問い詰めたところ、森林水産課課長（当時）は「それを確認できていないのはまずかった。（伐採届は）体をなしていない」と回答し、海老原さんの最初の相談から八カ月経って、ようやく宮崎市は書類の不備を認めた。

一七年一〇月、有印私文書偽造、同行使、森林法違反（森林窃盗）の容疑で岩村進、松本喜代美、ほか一名の二名が逮捕された。第一回公判は、同年一二月一九日である。

ところが、一二月二八日付で宮崎地方検察庁から、海老原さんが提出した被害届の件に関して、「不起訴処分とした」という通知が届いた。

若干複雑なのだが、実は瓜生野ツブロヶ谷では大規模な伐採が行われており、盗伐被害者は海老原さんのみならず、大勢の地権者がいたのである。

事件のきっかけは、被害地における地権者の一人がブローカーを営む岩村進に山林の売却について相談を持ちかけたことだった。岩村はその地権者の周辺の林地をまとめて伐採しようと計画し、岩村の妻や松本喜代美と協力し、一帯の地権者を調べ、ほかのブローカーとともに買いつけの範囲を決め、立木の買いつけ交渉を進めた。

その範囲は大きく東側と西側に分かれ、面積はそれぞれ一・八三ヘクタールと二・九三ヘクタール。地権者数は東側四人と西側一八人。海老原さんは東側の一人に当たる。

岩村・松本らは森林の買いつけを進める中で、地権者には県外在住者や物故者が多いとわかると、すべての山林の買いつけ交渉が困難であると思ったのだろう、一部の森林の伐採届を偽造する手に出たと想像できる。これが事件の概要である。

さらにややこしいのは、偽造した伐採届に記載された伐採業者が、別のブローカーにその伐採届を転売していることである。実際に伐採したのはそれを買い取った業者だ。

つまり、伐採対象地のすべての伐採届を偽造するのではなく、一部の森林の立木は（価格の妥当性はさておき）、合法的な行政手続きによって正式な伐採届を出して適合通知書を入手していた。それを根拠に伐り始め、周辺の森林については届け出もしていない、あるいは偽造した伐採届に基づいて伐採するという手口を取っていたのである。

一部が合法なのは、違法性がばれた際に「境界がわからなかった」「間違えた。故意ではない」など、〝誤伐〟として言い逃れできるようにするためだろう。事実、そのように主張している。転売も、届出と実際の伐採業者を変えることで発覚しづらくしていたと想像できる。

海老原さんによると、岩村は「実際に伐採した会社が裏で絵を描いた」と供述したという。その業者は、森林窃盗の嫌疑をかけられたものの、結果的に「お咎めなし」で逃げきっている。伐採届の偽造には、直接関わっていないからだ。この証言通りなら、盗伐首謀者は間に何人も人を入れることで罪を問われないように工作したのだろう。

本事件に関して、海老原さんだけでなく宮崎市も「伐採届を偽造して提出した」として、届け出に関わった岩村・松本を含む業者らが関与をした四件について、有印私文書偽造・同行使容疑で刑事告訴している。だが、そのうちの一件である海老原さんの事案だけが不起訴となった。また宮崎市は追加で四件の刑事告訴をしたのだが、こちらも不起訴である。つまり宮崎市は合計八件の盗伐事件を告発したものの、宮崎地方検察庁が起訴したのは三件のみ。公判においてほかの五件は言及されず、起訴した三件は示談が成立していた。そして岩村・松本に対して「常習性がない」との判断が下されている。

翌一八年三月二〇日、両被告には、懲役二年六カ月（執行猶予五年）と懲役二年六カ月（執行猶予四年）の有罪判決が下された。三件のみで、示談も成立していることから執行猶予がついたのだろう。

しかし、なぜ後に発覚した四件を一緒に審議しなかったのか、なぜ示談を拒否した海老原さんの案件を不起訴にして、示談に応じた三件をあえて起訴したのか。大きな疑問がいくつも残る裁判になってしまった。

宮崎市　海老原さんの事件

2016年	8月	盗伐被害に遭い、宮崎北警察署に通報。
	11月	宮崎北警察署は被害地の境界や被害状況を実況見分
	12月6日	宮崎市議会にて、平成28年第6回定例会から平成31年第1回定例会まで不定期で、伊豆康久議員による盗伐問題についての質問が継続。

2017年	3月17日	宮崎北警察署で海老原さんの被害届が受理される。
	7月19日	宮崎県警による家宅捜索を実施。対象箇所は11カ所、約400点押収。
	9月29日	宮崎県庁記者クラブにて、盗伐被害者の会設立総会開催、記者会見を開く。
	10月5日	伐採地の東側4件に対して有印私文書偽造、同行使、森林法違反（森林窃盗）の容疑で岩村進、松本喜代美、ほか1名の計3名の容疑者を刑事告訴。逮捕される。
	12月12日	田村貴昭衆議院議員（共産党）が盗伐問題について国会質問（第1回）。
	12月14日	宮崎市が、追加で4件（伐採地の西側の伐採届偽造など）の刑事告訴。
	12月19日	第1回公判。
	12月28日	宮崎地方検察庁から海老原さんが提出した被害届に関して、不起訴処分決定の通知が届く。
2018年	3月20日	岩村進被告が懲役2年6カ月（執行猶予5年）、松本喜代美被告が懲役2年6カ月（執行猶予4年）の有罪判決。
	4月18日	田村貴昭衆議院議員（共産党）が盗伐問題について国会質問（第2回）。海老原さんも傍聴。
2019年	2月5日	不起訴処分を不当として、宮崎検察審査会へ審査申立を行う。
	7月11日	宮崎検察審査会が、有印私文書偽造、同行使、森林法違反被疑事件として、不起訴処分不当の議決。
	7月	宮崎地方検察庁が3件のみ起訴。

2 宮崎県盗伐被害者の会の結成

海老原裕美さんが宮崎県盗伐被害者の会を結成したのは、二〇一七年九月二九日。この日、宮崎県庁記者クラブにて同会設立総会を開催し、記者会見を開いた。

この場で、宮崎県内で盗伐が横行していることと、宮崎市役所や宮崎北警察署が摘発に積極的でなく、森林窃盗どころか有印私文書偽造の疑いでも捜査しないことを訴えた。

宮崎市大字瓜生野字ツブロヶ谷で盗伐に遭ったのは、海老原さんの山だけではなかった。海老原さんの山は道沿いだが、その奥の山林が広く伐られていた。そこで伐った木を運び出すためにも、道沿いにある海老原さんの山を伐る必要があったのだろう。

同じツブロヶ谷で盗伐に遭った山林の所有者は、一四家族。いずれも警察に相談に訪れていたが、けんもほろろに追い返されてきたことを知る。海老原さんより二年も前に被害に遭った人もいた。近隣には盗伐に遭ったのに声を上げられない人が多くいたのだ。彼らに被害者の会を結成することを呼びかけた。その方が個人よりもマスコミに訴えやすく、盗伐被害が多くあることを世間により強く伝えられるからである。

「泣き寝入りは絶対にしない」。これが海老原さんの方針だった。盗伐の原因追及と責任の明確化および行政、警察、業界団体に対して然るべき対応を求めていく。その意思表示のためにも宮崎県盗伐被害者の会を立ち上げた。

記者会見には、宮崎放送やＮＨＫといったテレビ局のほか、朝日新聞、毎日新聞、読売新聞などの全国紙、宮崎日日新聞、旬刊宮崎などの地元紙も勢ぞろいした。

会見で伝えた内容は、いずれも報道された。テレビも新聞も地方版ニュースだったが、宮崎放送が属するＪＮＮ系列のＴＢＳが「報道特集」で扱い、全国放送にもなった。一般人にも驚きのあるネタだと判断されたのだろう。逆に言えば、盗伐という事象が日本でもあることが、世間でほとんど知られていなかった。林業への関心は薄いものの、前時代的な犯罪にニュースバリューがあったのかと思うと皮肉である。

宮崎県盗伐被害者の会の発足時には一四家族が入会し、会長に海老原さん、事務局長に伊豆康久宮崎市議会議員（当時）が就いた。

盗伐被害者の会は、その後会員を増やし続ける。海老原さんが私のところに送ってくる資料には、会員数が書かれているのだが、毎回変わる。増えていくのだ。それも倍々ゲームのように。三〇世帯、五〇世帯、八〇世帯……と数字を膨らませていき、二〇二三年一二月時点では一七〇世帯となっている。

会員は積極的に公募しているわけではないという。被害者が人伝《ひとづて》に会の活動を知って連絡してくるケースが大半だ。最初は自分で警察などに被害を訴えるのだが、まったく相手にされず、声の持って行き場を失った人が助けを求めて来るのである。その際に被害者の会の会員になるかどうかはまったく自由だという。

会の具体的な活動は、盗伐の被害に遭った事案の調査と人の支援である。会員になる・ならないに関係なく、もし被害の連絡があったら今後取るべき方策を教える。伐られた現場の被害の確認を行い、記録を取る。会としても現地に足を運ぶ。その活動の大半を海老原さんが一人でこなした。連絡を受けると、千葉から駆けつけるのだ。

まず行うのは、自治体への情報開示請求だ。伐採届が出ているか、出ていたら誰が出したのか、その内容などをチェックして伐採した業者を突き止める。ただ被害者の中には、その請求方法がわからない・できない人もいるから、教えるだけでなく代筆したり、役所訪問に付き添ったりすることもする。

そして犯罪行為だと見極めたら、告訴状もしくは告発状を該当する機関に出すよう勧める。あらかじめ弁護士につくってもらったテンプレートがあるので、それに必要事項を書き込んでいけばよいのだが、自分ではできない被害者もいるので手伝うことになる。

その後、たいてい不受理や不起訴など一連の警察、検察当局の出方が続くが、その場合の対応の仕方を教えていく。警察が被害届を受理しない場合や、受理しても検察が起訴しなかった場合は、検察審査会への申立てもある。審査会で不起訴不当の判決が出たら、再び捜査に結びつくわけだ。

最初は海老原さんだけが動いていたが、後に同じく盗伐に遭った志水恵子さん（前章参照）も積極的に会の活動に参加するようになったので、副会長に就いた。現在の支援活動のほとんどは、この二人を中心に行っている。

なお被害者の会に会費はない。被害者は、とくに負担がないから、たいてい入会するそうだ。必要経費は行動する人が個人負担する形となる。

志水さんが、これまで負担した金額を概算したら、海老原さんは約七年間で一〇〇〇万円以上の出費をしていた。志水さんも二年間で二〇〇万円ぐらい費やしたという。かかるのは、やはり交通費。千葉から宮崎を往復する飛行機代や宮崎県内の自動車移動にかかるガソリン代が大きい。さらに郵送費も馬鹿にならない。少しでも興味を示してくれる人には資料を送付しているからだ。マスコミや役所への情報提供も行う。

「検察庁内部公益通報窓口」と「最高検察庁監察指導部情報提供窓口」には書留で送っている。不法行為と思われるものを中心に情報を通報し続けている。前者は七四通、後者も九通（いずれも二三年七月まで）になる。また林野庁にも送っている。書留にするのは送った証拠を残すためだ。

これほどの負担をして盗伐問題に取り組むのは、なぜだろうか。

少し海老原さんの生い立ちにも触れておこう。

海老原さんは、一九五七年宮崎市生まれだが、高校時代に神奈川県に引っ越したという。そこで高校を三度もかわった。本人の言によると「本を読むのは好きだったんだけど、学校の勉強とは合わなかった」からだそう。結局、高校は卒業せず、大学入学資格検定（当時。現在は高等学校卒業程度認定試験）を受けて国士舘大学に進学した。

ただ学生時代には海外に行きたくて、アルバイトで金を稼いではアメリカや東南アジア、中国などを放浪した。いわゆるバックパッキングのほか、高知のマグロ船に乗って南アフリカまで行った経験もある。三〇歳前後まで世界中を歩いていたそうだ。

四二歳で北京に渡り、そこでビジネスを始めた。甘栗など食料品を扱う一方、現地で英会話教室を開いたり、日本人歯科医による歯科医院を始めたりと多岐にわたる。今も年に幾度かは中国に渡っている。

幸い、仕事は以前ほど忙しくない。収入も余裕がある。それなら徹底的に盗伐問題に取り組もう。そんな思いで動いているのだという。

志水さんは、盗伐問題のほかに、もう一つの運動にも関わる。数年前に次男が病気で亡くなったのだが、病院の医療ミスの疑いがあり、その解明に取り組んでいるのである。

そこで感じたのは「弱い者がなおざりにされる」という思いだった。被害者の多くが、泣き寝入りしているのだ。それが許せないという。盗伐事件でも同じように感じた。少しでも泣き寝入りを解消する思いで盗伐問題に取り組んでいる。

いったい、宮崎県だけで盗伐被害者は何人ぐらいいるのだろうか。

宮崎市議会で、伊豆議員は盗伐に関する質問を繰り返している。「過去一〇年間で、宮崎県盗伐被害者の会で把握している九つの無断伐採を行った業者が何通の伐採届を出しているのか」と宮崎市に回答を求めたところ、八三六件だった。この件数は違法行為を行った業者が手がけた伐採数（宮崎市内のみ）である。すべてが偽造や盗伐だとは言えないにしても、疑惑はある。またほかの業者による無断伐採も想定できる。

宮崎市だけでなく宮崎県全域、さらに無断伐採の発覚例のある鹿児島県や熊本県なども加えると、どれほどの件数になるか。それらの中に盗伐（故意の無断伐採）が含まれる可能性は高いと言わざるを得ない。

海老原さんは、木材会社を経営する人の持ち山が、過去に三回も盗伐被害に遭った話を聞いたという。同じ所有者の山が幾度も被害に遭う例も少なくないわけだ。社長は「盗伐被害者数は、少なくとも一〇〇〇家族以上になる」と自身の感触を伝えている。

おそらく宮崎県には、潜在的な盗伐被害者が会員数の何倍もいるのだろう。

3 宮崎県の盗伐被害者の特徴

政府機関の資料では、無断伐採が行われる背景として、所有界がはっきりしないことがあると説明される。測量を伴う地籍調査は、全国の山林原野の半分ほど（五二％）しか行われておらず、とくに私有林の地籍調査は少なく境界線がはっきりしない。だから誤伐も起こりやすいし、逆に他人の山でもばれないと思って伐ってしまう、と。

だが、宮崎県盗伐被害者の会が把握する被害事例を確認すると、ほとんどが地籍調査の済んでいる林地だった。しっかり測量されて、その境界線にはコンクリートなどの杭が打たれている。私も盗伐現場を歩いた際に、いくつも杭を目にした。それは一目でわかる状態で、間違いようのないものだ。

宮崎県の地籍調査の進捗率は、二〇二二年で七二・二%である。比較的調査が進んでいるのだ。市町村の中には二割程度の自治体もあるが、一〇〇%を誇る市町村も少なくない。森林の比率が高い都道府県の中では優秀だろう。

宮崎県で頻発する盗伐の事例を確認すると、一般的に語られる盗伐の理由では説明しきれない怪しさが漂っている。

しかも特徴的な条件がいくつか重なっていた。

まず、極めて計画的に行われていることだ。それも複数の人間が組んで、用意周到に行われている。従来ありがちだった個人的犯行ではない。とくに現場の位置と、その森林の所有者の選び方には、意図的としか思えない傾向がある。

盗伐が行われる場所は、外部から伐採作業が気づかれないような幹線道路から一歩奥に入ったところである。ただし、奥山より人里に近い山が多かった。道路がなければ搬出も手間だからだろう。

宮崎県被害者の会会員の事例を整理すると、所有者にも極端な偏りが見られる。

「被害者の会の会員の約九割は高齢者で、県外居住者です。障がい者を抱える家族もいます。だから自分の山に足を運ぶのが難しい人ばかりです。勝手に伐られたことに気づきにくく、気づかれても騒がなそうな相手を選んだのだと思います。一方で盗伐した業者の多くは、県の優良林業事業者に認定されています。だから補助金を受け取って林業機械を購入することもできるんです」（海老原さん）

被害を受けた森林所有者の属性を整理すると、次のようになる。

1. 所有する森林のある自治体ではなく宮崎市内など都市部に住む。または県外に移り住んでいるケースも多い。
2. 地元に住む所有関係者は、高齢の一人暮らし、とくに女性が多数。
3. 所有者が聴覚障がいや知的障がいなど何らかの障がいを有する。または家族にそうした者がいる家庭。比較的生活に余裕がない。

1は、わかりやすいだろう。地元に住んでいなかったら、発覚も遅くなる。地元周辺の人が伐採を見かけても、それが合法か違法か区別をつけにくい。

海老原さんも千葉県在住であり、所有権を持つ母明美さんも、宮崎県には住んでいない。墓参りに宮崎県に帰省して山を訪れたときは、伐採後数ヵ月は過ぎていると思われたが、これでも発覚は比較的早かった方だ。自分の山に数年間行っていない人も多く、気がついたときには伐られて何年も経っていたというケースも聞く。なかには自分ではまったく気づかなかったケースもある。近隣の山林で盗伐事件が起きて、それを調べる過程で、あなたの山も伐られていますよと知らされるのだ。

伐採された時期を確定できないと、警察が被害届を受け取らない理由になる。また、被害の量（伐られた樹木の樹齢や直径、本数）も、日常的に山に通っていないと詳しく把握できず、正確に示すことは難しい。

勝手に伐採しても発覚までに三年以上経てば時効になる。盗伐側としては、発覚を遅らせたいと思うのは当たり前だ。序章で紹介した事例で、道路側に面したスギを一列分だけ伐らずに残していたケースも、裏で盗伐していた事実をなるべく気づかれないようにする〝工夫〟だろう。

2と3は、いわゆる社会的弱者を狙うことを意味する。過疎化が進んで、故郷には年老いた両親、それも女性が残されるケースが多い。高齢者や女性なら発覚後も訴えたり騒ぎ立てたりすることも少ないと見込んでいるのではないか。また障がい者などがいる家庭は、生活に余裕がない場合も多く、発覚しても抑え込みやすいと考えるのだろう。実際、わずかな示談金に応じてしまいがちだ。

こうした傾向は、宮崎県盗伐被害者の会が接した盗伐被害のケースから割り出したものである。それでは客観性がないと思われるかもしれない。そこで、被害者の実態把握をするためアンケートを取って調べた論文を紹介したい。

森林総合研究所の御田成顕《おんだなりあき》氏と都築伸行氏が日本森林学会誌（二〇二二年一〇四巻二号）に発表した「南九州地方における無断伐採の発生状況および発生過程の現状把握」という論文がある。なお「無断伐採」とあるのは、厳密には盗伐と誤伐を完全に区別できないからだ。その差異は後述する。

調査は複数の自治体の森林組合の組合員五〇二人に郵送アンケートを行い、返信のあった一六六人、さらに有効回答のあった一六一人の回答によるものである。

森林組合は、比較的小規模な森林を所有する人が組合員となっている。彼らの森林は、無断伐採の対象になりやすい。大雑把な傾向は読み取れるはずだ。

まず組合員の中で無断伐採を経験したのは一二人（七％）だが、被害の有無がわからない森林所有者が一九（一二％）人いた。自分の山の状態を確認していないからだろう。組合員の年齢層は六〇代と七〇代で五七％を占めるが、それを被害者に絞ると七五％になる。（全所有者の）所有林への訪問は、ほとんど行かないのが三七人（二三％）、行ったことがないのが六人（四％）。年に一度程度が三五人（二二％）、数年に一度が三一人（一九％）など。被害時期は、一九五六年という古いものもあるが、二〇一〇年代が八人と三分の二を占める。被害面積は〇・〇五ヘクタールから二ヘクタールまで。伐られたのは、いずれも伐期（木材として使用可能な時期）を迎えたスギやヒノキ林であった。

年齢構成や居住地などは、被害者の会の事例と似通った傾向がうかがえる。

なお、知らないうちに伐られたケースばかりではなく、事前に伐採を申し込まれた場合も意外とある。山林の所在から遠くに住む人、相続者が都市部に住む人の中には、自分の持つ山林に興味がなく、あっさり了承する場合もあるようだ。高齢者、とくに女性は、自ら森林を管理できないため、伐採したいと申し込まれたら承諾することもある。

了承すれば、所有山林の伐採届を提出される。これが通れば合法的な伐採になる。つまりすべての山林を違法に伐採するのではなく、一部に合法的に伐れる土地を確保しておく傾向がある。そのためにも、先に並べた不在地主や高齢者、女性、障がい者家庭などを選ぶ方が楽なのである。

ただし常識的に考えれば、当然伐採された木の代金は支払われると思うだろう。だから了承するのだ。ところが、支払われないか、支払ったとしても本来の木材価格の数分の一の金額で済まされる。支払い金額を記した契約書がないと、それを違法とは言えない。だが所有者からすれば騙された思いが強まる。

無断伐採された山の一部に合法的に伐られた山林があることは、盗伐事件にとって非常に重要である。その仕組みは次節で説明しよう。

4 盗伐発覚後の開き直りと言い訳

ここでは盗伐を行う加害者の手口と発覚後の対応について、宮崎県盗伐被害者の会が関わった案件から整理してみたい。

宮崎県では、加害者がかなり大胆というかおおっぴらに活動している。典型的な例として、まず山の所有者に何らかの接触を行う。そして山の木を売りませんか、と声をかけている。しかし価格が安すぎるほか、まだ若い森なのでもっと太くなるまで育てたいなど山主の意向によって拒否されることから始まる。

それでも隣接地などで伐採の了承が得られれば、その区画は合法的に伐れる。そこから伐採を拒否された（隣接した）森林も伐ってしまう。そうした手口が多いのだ。

伐採には重機を何台も現地の山に入れなくてはならないし、ときに作業道を開削する必要もある。結構、コストがかかるので狭い範囲の合法的な森林を伐るだけでは儲からない。そこで許可をもらっていない森林も伐採してしまう。また伐った木を道路まで運び出すルート上の山も勝手に伐ってしまうケースもあるようだ。

そして許可を取った範囲を超えて伐採したことがばれても、「境界線を見誤って越境して伐ってしまった誤伐だ」と言い訳するのだ。盗伐なら刑事罰の対象だが、誤伐では民事で比較的低額な賠償金になりがちだ。

問題は、このような「盗伐ではなく誤伐」という主張を覆すのは、意外と難しいという点である。伐採に至るまでの経緯、あるいは現場の山の形状を知れば明らかにおかしいのだが、誤伐でないと判断するには「故意の認定」が必要となる。それを法的に行うのは、よほどの証拠を積み上げないといけない。

だから業者側もこれを利用する。盗伐しようと考えた森林でも、一部は伐採届を提出して、合法的な伐採としようとする。事例でも触れた通り、森林は多くの所有者に分かれているから、そのうちの一カ所二カ所でよい。狭くてもよい。そこが雑木林の例もあった。どんな山であろうと伐採許可を取れたらいいのだ。そこには堂々と林業機械を入れられる。そして周辺も無断で伐ってしまうのである。

盗伐事例の中には、以下のようなものがある。

二〇一六年二月、宮崎県延岡《のべおか》市の女性のところにブローカーと称する男が訪れて「間違ってあなたの山の木を数本伐ってしまった」という。そのときは（数本だったら）たいしたことはないと思ったが、現地に足を運んで確認してみた。すると〇・八ヘクタールの一三〇〇本もの木が伐られていたと判明する。しかもその伐採木はすでに持ち去られていた。

森林組合や市と相談して調べると伐採届も出されていない。ただ、ほぼ隣接する〇・〇三ヘクタール（ざっと一七メートル四方）分の雑木林に伐採届が出されていた。それを基に二七倍もの面積の女性の山を伐ったわけだ。ブローカーが「間違えた」と先に伝えに来たのは、伐採業者が勝手に伐ったと言い逃れするためだろう。しかし間違えて二七倍の面積を伐るわけはない。伐採後は放置状態。当然雨が降れば土砂が流れ出す。山は土砂災害特別警戒区域に指定されてしまった。

問題は、さらにその後にあった。警察に被害届を出しに行くと「伐採業者も仲介者（ブローカー）に騙されたと言っている。彼が被害届を出さないとあなたの届を受理できない」という理解不能の返答だったのだ。弁護士に依頼して証拠書類を揃えて警察に幾度も足を運ぶが受けつけない。その間、業者らしき男からの脅しの電話もあったという。

ようやく受理されたのは一八年九月。警察に七〇回は通ったという。

「これだけ粘ったのは、うちの山が盗伐されたのは五回目だからです。もう我慢できないと思って」

一回目は父親所有の林地が被害に。二回目は母親名義の林地。そして当事者所有の林地でも三回にわたる盗伐である。さすがに業を煮やして何がなんでも被害届を出そうと考えたのである。

だが、ようやく受け取られた被害届には不起訴の決定がなされた。検察審査会に申立てをした結果、送検された七人のうちブローカー一人だけが「起訴相当」となる。不満はあるが、これで盗伐としての刑事裁判がようやく始まるかと思ったのだが……なんと証拠不十分で起訴猶予となったのである。

裁判において、いかに誤伐でないことを証明するのが難しいかわかるだろう。

被害ケースの中には、盗伐した者が何人ものいかつい男たちを引き連れて被害者宅に押しかけた事例もある。たった一人で住む高齢者を取り囲むのだ。そして口では「誤伐した」

と謝るのだが、強圧的に示談を申し込む。通常の賠償額の一〇分の一程度の金額を提示した示談書に署名・捺印するよう要求する。応じないと何時間も粘る。しかし一度示談に応じると、警察にはまず取り上げてもらえない。

これは「ごめんなさい詐欺」と言われる手口である。特別な例ではなく、宮崎県では常套手段と化している。

5 警察による二次被害の実相

被害者にとって加害者との交渉の次に問題となるのは、事件に関わる警察および検察、自治体などである。私は、盗伐事件をよりひどくするのは、この諸機関の対応だと思う。先に記した数々の事例でもわかる通り、「自分の山が盗伐された」と警察に訴えてもなかなか応じてもらえない。被害届も受理されない。なぜか。

警察は、被害届を受理しない理由を説明せずに却下する。それどころではなく、越権行為も多数見られるのだ。具体的には警察が示談を勧めたり、加害者側に立って被害届を出すことを断念するよう説得したりするケースが多々見られることだ。

延岡市の被害者は、被害届を出そうと延岡警察署に約一年半、通い続けて粘り強く訴え続けたところ、ある警部補から直接電話があり、一時間くらいかけて「(直接伐採をした)M社が一〇〇万円を出すから示談にしなさい」と、やや恫喝《どうかつ》まがいに説得されたという。

また川越静子さんの例では、静子さんの息子が盗伐行為を発見し、警察に通報したにもかかわらず、駆けつけた高岡警察署の警察官は盗伐業者を現行犯逮捕するどころか、その場で通報者に対して示談を勧め、示談書への指印を要求した。障がい者であることはわかった上で、強要したと思われる。

被害者の会がまとめた「宮崎県警の対応」をもう一度紹介する。

1. 警察署に足を運んだ被害者を追い返す。事前に連絡がないからと部屋を用意せず玄関で会うだけ。ある警察署では、部屋に通されたものの、被害を訴えている際中に副署長が部屋の電灯、暖房を消して退出してしまった。

2. 警察官が示談を勧める。家にも電話してくる。警察官が金額を示して示談を勧めた。示談に合意しないと怒鳴る。イスを蹴り倒して、それが当たって打撲を負った。

3. 盗伐現場の実況見分をしない。現場に足を運ぶことを極端に嫌がる。

4. 被害届を受理しない、供述調書を捏造する（供述を取られていないのに調書ができていた）。

5. 捜査担当の警察官が短期間に何人も替わる。しかも引継ぎがされておらず、その都度同じことを聞かれる。

6. 時効まで捜査を引き延ばす。森林窃盗の時効は三年だが、それを過ぎるまで放置して、過ぎたことを理由に捜査をしない。

7. 警察官が事実と違うことを繰り返す。何度説明しても誤りを認めない。

8. 警察官が名刺を受け取らない、名刺を出さない。資料を受け取らない。

9. 被害者が説明する盗伐内容に対し、「そんなことを言うと（加害者に）名誉毀損で訴えられる」などと警察官が言う。

10. 被害者とともに被害者の会のメンバーが行くと、付き添いを認めない。高齢の被害者を一人だけにしようとする。

盗伐被害者のほとんどが、警察でこうした対応をされている。さらに地方検察庁でも似た対応が起きている。

被害者が提出した告訴・告発状に被告発者として記した人物とは異なる人物が容疑者として立件されていたこともある。そして不起訴となった。

検察審査会が不起訴不当とした案件を、検察が再び不起訴にしたケースで、不起訴理由などの疑問点を聞きたいと、宮崎地検にアポイントを入れて約束した日時に被害者の会のメンバーが訪れたことがあった。すると「被害者の会とは話をしない」と追い返されている。その際は、警官が一五人ほど待機していた。そして建物内どころか敷地内からも追い出したのである。

司法関係者は被害者に寄り添うどころか、逆に傷つけている。盗伐という本件以上に相談窓口の対応で傷つく。

私は、そうした内容を聞き取ったり、文書で読んだりしただけで吐き気を催した。そして、これはセカンド・レイプに近いのではないか、と感じた。

被害者は、暴行された事実だけでも打ちのめされているのに、周辺の人間（警察、メディア、インターネットなどを含む世間）が、その被害の苦痛を思い出させるような質問を投げたり、さらに被害者にも責任があるなどと傷つける発言をしたり、好奇の目で見たりすることで、さらなる心理的・社会的ダメージを受ける。

性犯罪以外にも、子どものいじめ被害やパワハラ案件でもよく聞くことだ。こうした二次被害を起こしやすいのは、世間の目とともに警察の取り調べだ。被害を警察に届けると、二人の関係や事件当時の細かすぎる身体の動き、言葉のやり取り、感情の動きまで聞かれる。そうした過程で被害者を再び傷つけるのである。

それでも事件を正確に記録するためには必要な面もある。立件しようと思えば、細かな事実確認が必要なこともあるし、そのために根掘り葉掘り状況を聞き取るケースもあるのだろう。しかし性犯罪などでは、細心の注意が求められる。最近では女性警官を中心にして事情聴取の仕方のノウハウづくりが進んでいると聞く。いじめ問題、パワハラ案件などもカウンセラーなどが関わって聴取するようになりつつある。

だが宮崎県の盗伐被害に関しては、そうした必要性を超えて、むしろ事件化しないようにするため警察官は動いているかのようだ。

ちなみに性犯罪でも被害届が受理されないという問題が指摘されており、この問題を扱うSARC東京という団体の事例では、支援者や弁護士が同行しても、受理されたのは全体の二二・二%だったそうである。起訴されたのが五・五%。盗伐に関する統計はないが、少なくとも宮崎県ではそれよりはるかに低いだろう。

さらに盗伐被害者の証言のように、供述を聞き取っていないのに調書が書かれた例まであるとしたら、完全に警察が違法行為を行っていることになる。

警察や検察の言い分を聞こうにも、木で鼻をくくったような返事しか返ってこない。なぜ被害届を受理しないのか、なぜ不起訴や起訴猶予になったのか。その理由を教えてくれないことが被害者をより苦しめるとしたら、それは二次被害そのものだろう。

実際に宮崎県では、警察の対応によって鬱病を発症したり、精神的ダメージを受けて引きこもりになったりするなどの被害者が出ている。二次被害による心の傷の方が、木を盗まれた損害よりも大きいのではないか。

被害者の会会長の海老原さんは「宮崎県内の警察機構と司法機関は、被害者の言うことをできるだけ聞かないように徹底している。盗伐容疑者の取り調べもしたがらない。容疑者は、警察を相手にすると怖くて素直に話してしまいがちだから、取り調べをすると事件化してしまう。それが困るから、取り調べないのではないか」という。

ちなみに警察の盗伐被害の受理件数を年度別に見ると、波がある。比較的スムーズに受け取るときが続くかと思えば、一転して被害届受理を一切拒否し、一度立件した案件を不起訴にする件数が増えた年度もある。その裏に宮崎県警本部長交代の年度が重なる。やはりトップの意向によって盗伐の扱いを変えているようだ。

自治体の窓口の対応も、被害者を苦しめる。まったく他人事であり、ひたすら責任逃れを繰り返す例が多発しているからだ。これも二次被害だろう。

盗伐被害者の会ができて、被害者支援を行い、伐採届の確認などを通じて不正を発見することで被害届の提出が増えた。そのうち受理された件数は微々たるものであるが、こうした作業を支援なく孤立無援で行うのは、物理的にも精神的にもきつい。

一般市民にとって、トラブルがあった場合、公的機関に相談するほか、法的な手段を取るのは非常にハードルが高い。それでも被害者たちにとって、警察や弁護士、あるいは議員などは最後の砦だ。ところがその相談窓口でけんもほろろに扱われ、助けを求めた相手に「本当にそこがあなたの山である証拠を出せ」と言われて、どれほど心を傷つけられることか。ただでさえ精神的に参っているのに追い打ちだ。

宮崎県の被害者か証言するケースには、警察官が加害者と一緒に示談を進めたり、盗伐年月を別の日に書き換えたりと、奇妙な行為が目立つ。盗伐を行った日を前に遡《さかのぼ》らせたり、発覚日を遅らせたりすることで、時効になるように仕向けたようにも見える。もはや二次被害を超えた新たな被害、犯罪行為を生み出しているかのようだ。

警察官にていねいに聞いてもらえたというケースもたまにはあるのだが、親切だった人は捜査途中に異動することが多いそうだ。公務員は数年ごとに異動するのが通例だが、被害者からすれば、「これは事件をもみ消そうとして異動させたのではないか」と疑いを持ってしまう。なかには「必ず立件しますから」と約束した警官が、その後すぐにいなくなったケースもある。異動先でも追及しようとしたら、わずか二カ月で再異動となり、とうとう辞職したという。定例の異動なのかどうか怪しく感じてしまうだろう。

被害者は、そのうちに疑心暗鬼に陥る。巨大な権力が犯罪を握りつぶそうとしているのではないか。そもそも盗伐自体が権力（政治家や役所など）と業界がグルになって計画的に行ったものではないか……と想像してしまう。

うがちすぎ？　だが、本当に否定できるだろうか。

諦めた被害者は数知れない。警察の対応によって隠された盗伐被害を想定すると、いったい何世帯の山で盗伐が行われたのだろうか。それによって何人が苦しんでいるのか。

盗伐事件は、林業界・木材業界の闇であると同時に、警察・検察など司法の問題点をあぶり出す鏡にもなっている。

4
盗伐する側の論理

1 木材需要が膨らんだ論理

本章では、盗伐の背景となる林業界の実態について考察したい。

そこで日本で唯一盗伐問題を研究する御田成顕氏（国立研究開発法人 森林研究・整備機構 森林総合研究所東北支所主任研究員）に話を聞いた。

御田氏によると盗伐の発生には三つの条件があるという。「好適な対象」に「盗伐者の動機」、「監視体制の不備」だ。これらが発生を左右する。

まず「好適な対象」について。

「好適な対象」とは、「売れる木材」を指す。盗伐とは「他人の木材を無断で伐採して盗み、売って利益を得る」行為だから、重要なのは、売れる木材があること、そして買い取ってくれる相手がいることだろう。

バブル景気が崩壊して不況に突入した一九九〇年以降は、木材価格も下落する。そのうえ木材の用途も変わった。従来は材質、とくに木目や木肌のよい木材は、それなりの高値がついたのだが、バブル崩壊後は建築構法の変化、デザイン的な好みの変化が急激に進んで高級木材の需要が極端に減った。木質が価格に反映されなくなったのだ。

木材価格は「底が抜けた」と言われるほど下がり続けた。もっとも高かった時代からすると五分の一になっている。

木材価格が下がる一方で、人件費や機械代は上がったので、森林所有者の利益はますます削られることとなる。儲からなければ伐り出そうと思わない。実際、自ら所有する森林への興味を失っていく。

「ところが、二〇一〇年前後から木材需要が膨らんでいくのです。それは国が音頭を取って国産材の需要を増やす施策を打ち出したからですが、それによって少しだけ木材価格がもどりました。決して昔のように高くなったわけではありませんが、底値だったときよりも高くなった。それで盗伐する動機が生まれたと思われます」

御田さんは、林業環境が政策によって変わった点を指摘する。

その背景には、これまで日本が木材を輸入していた国々で、輸出規制が強まりだしたことがある。資源枯渇や環境問題によって資源ナショナリズムが強まり、輸出規制をかけ、製材品だけしか輸出しないようにし始めた。こうした動きは東南アジアなど熱帯諸国に始まり、アメリカ・カナダ、ロシア……と世界中に広がった。

二〇〇〇年頃まで木材貿易量が世界一だった日本は、木材輸入時に価格決定権を握っていた。だが経済力をつけて台頭してきた中国が木材輸入国となり、輸入量で日本を抜くようになる。価格も中国の方が高くつけるため、日本が買い負けするようになってきた。

一方で国産材は、戦後の造林政策で植えられた木々が五〇年前後経って、そろそろ使えるようになってきた。直径二〇センチ以上あれば建築材になる。

国産材需要拡大策のうち、重要なものをいくつかあげよう。

一つ目は新流通・加工システム。二〇〇四年からの事業だが、簡単に言えば国産材で合板をつくらせるための補助制度である。当時は合板と言えばラワンなど熱帯の広葉樹木材が材料だったが、その輸入が思うに任せなくなった。そこで針葉樹からもベニヤ板を剝《す》き取る技術開発が行われた。そしてスギ材やカラマツ材などで国産合板を生産するようになったのである。しかも合板には、少し曲がりがあるなど製材に向かない木も使える。

現在では合板の約半分が国産材製である。国産材の用途を広げることに成功したわけだが、問題は価格だ。合板用の木材をＢ材と呼ぶが、製材用のＡ材より安値である。

二つ目はバイオマス発電。これには脱炭素目的でつくられたＦＩＴ（再生可能エネルギーの固定価格買取制度）が大きく関わる。木材など生物由来の燃料は再生可能であるとして、それを燃やして発電する場合、その電力を高値で買い取る制度だ。おかげで製材時に出る端材や、細い、曲がりがきついなど製材や合板に向かない樹木、および樹木の一部分（枝や梢、根株など）も燃料になる。これまで価値ゼロか、せいぜいB材の半分以下の価格だったものが、FITのおかげでB材並の価格まで上がるのだ。しかも燃やすのだから材質にこだわらない。木材が傷だらけでも、寸法が短くてもかまわない。

一方、山側では二〇一二年から森林・林業再生プランと呼ばれる政策が推進された。これまで森林所有者の要望に応じる形で伐採施業が行われるのが通例だったが、むしろ森林組合や林業事業体側から間伐や皆伐と再造林のプランを立てて、所有者を説得するようにしたのだ。提案型施業とも呼ぶ。これによって伐採量は増えていく。

また、機械化も推進された。チェンソーで伐採し、搬出は丸太を架線で吊り上げて運ぶ従来の方式から、搬出のための作業道を林内につくり乗用の機械を乗り入れ、伐採から搬出まで行えるシステムの導入を促した。そのため作業道開削の補助金のほか、高価な高性能林業機械を導入するための補助金が出された。これで伐採も搬出も楽になり、木材の大量生産が可能になる。また間伐だけでなく、皆伐も推進された。山の木をすべて伐るのだから、生産量は一気に増える。

こうした国産材の需要を増やしつつ、木材生産量を増加させる施策は、森林所有者主体の林業から伐採業者主体への転換でもあった。

これらの施策を個別に見ていくと、産地と消費地の間でさまざまな齟齬を生じさせた。補助金に依存して実行された施策であるために、必ずしも成功したと言えない。それでも木材生産圧力は増し、山の現場には人の姿が増えて、丸太を積んだトラックが多く走るようになった。一度に多くの木材を伐り出すことで、収入が増えた業者もいるだろう。外部から眺めていると、林業は元気になったように見えたかもしれない。

実際に林業再生が叫ばれ、「日本の山は宝の山」「林業の成長産業化」と唱えられるようになる。また木材価格も多少は高値に動いた。一時期下がり続けて絶望感にさいなまれていた林業関係者にとっては救いとなっただろう。


この林政の転換が、ピタリと当てはまったのが南九州、とくに宮崎県である。

まず樹齢四〇〜六〇年の、木材として利用できる太さになったスギ林が多くあった。宮崎県は戦後に大造林を行っており、新たな人工林が多く誕生していた。温暖な九州は、スギの生長が早い。四〇年生で直径三〇センチを超えるものもある。ただし生長がよいと年輪は疎になり、材質はよくないとされていた。だが合板やバイオマス燃料、そして木目を気にしない製材品なら気にせず使える。

木材価格は安いものの、大量に伐り出せば利益も増える。国の助成も、木材搬出量が増えると補助率も上がる仕掛けがあった。つまり量を増やせば補助金で儲かった。いわゆる「薄利多売の林業」を生み出したのである。

まさに宮崎県の木材は、二一世紀に広がった日本林業の形にぴったりハマったのだ。だから県内に多くの製材工場やバイオマス発電所が建設された。林業家も高性能林業機械をどんどん購入した。宮崎県の歴代知事には、林野庁長官など林野行政に関わった人が多く就任している。それだけに林業政策には熱心だった。

私はこの頃に幾度も宮崎県を訪れているが、ほかの地方の林業家が暗い顔ばかりしている中、宮崎県の林業家はたいへん積極的に林業に取り組んでいた印象がある。

実際に、宮崎県は一九九一年からスギ生産量日本一を三二年間も維持し続けている。二〇二二年の生産量は、一八七万八〇〇〇立方メートル。二位は秋田県の一一一万二〇〇〇立方メートルだから大きな差をつけている。木材生産量全体では北海道に続く全国第二位（二〇一九年）だが、製材品出荷額では一位（二〇二〇年）になったこともある。

つまり盗伐の「好適な対象」が、宮崎県には多くあることがわかるだろう。

2 大量伐採を必要とする論理

次が「盗伐者の動機」だ。そこには現実の資源量という目が必要となる。

すでに記した通り、安値ながら木材需要は増えたため、伐採量を増やしたい。それなら真っ当に森林所有者と契約して伐り出すのが通常の林業である。ところが、必ずしも簡単に伐採を進めることができなくなってくる。

宮崎県の場合、年間一八〇万立方メートル前後ものスギ材を生産し続けようとすると、ざっと年間五〇〇〇ヘクタール以上を皆伐し続けなくてはいけない。ちなみに宮崎県の人工林面積は三五万ヘクタール前後で、植林から伐採まで五〇年で循環させると仮定すると、一年間の平均伐採可能量は約七〇〇〇ヘクタールとなる。

だが、森はどこでも伐れるわけではない。伐採に適した山は限られている。木の生長は、年月だけで決まらない。地味《ちみ》が悪くて生長が遅い山もある。また、あまりに山奥で急傾斜な場所だと伐るのが困難で、搬出も難しくコストがかかりすぎる。加えて森林の所有境界を確定させていない場合や、代変わり時の名義変更が済まされていない場合は権利が分散していて、全相続者の同意が得られず伐れない。所有者が何かの理由で、伐採を認めない場合もある。

近年、宮崎県で伐採しやすい山は尽きてきた。残るのは搬出の難しい奥山や所有者が不明もしくは境界が確定していない山、そして所有者が伐るつもりのない山である。

だが一度膨らんだ木材需要は、木材市場を始め製材工場や合板工場の処理能力も膨らませた。それなのに扱い量が減少したら経営が傾く。工場や林業機械は、稼働率が落ちたら効率も落ちて経費がかさむ。そして赤字になる。バイオマス発電所の場合も燃料が足りずに止まるようなことになれば、電力供給できなくなる。だから、何がなんでも木材を集める必要が出てきた。

また「林業は儲かる」と考える人も出てくる。本来の林業は、造林・育林を経て伐採、搬出までの経費を含めて考えなくてはならないが、新参者は目の前にある森の木を伐って売れば、それがそのまま利益になると錯覚する。育てる苦労を計算に入れないのである。もちろん伐採後の跡地に再造林するつもりもない。

また伐採と搬出の技術は、以前は熟練しないと難しかったが、乗用の重機型の高性能林業機械が出回るようになった。すると従来の職人的な技術なくして伐採・搬出のできない林業ではなくなる。もちろん重機の操縦そのものも熟練を要するのだが、土木機械にも似ており、比較的短期間で身につく。また体力をあまり使わない。つまり高性能林業機械を手に入れたら、林業未経験でも伐採搬出は可能だ（と思い込む）。

新規参入の業者は、機械化のための資金を、各所から得ることができた。行政の補助金だけでなく、金融機関や木材市場なども貸しつけてくれる。十分に儲かると計算するから、貸しつけても返済されると見込めるのだろう。

ところが、ここに穴がある。宮崎県のある林業団体の代表は、盗伐の頻発する背景を次のように指摘する。

「高性能林業機械は一台数千万円しますが、稼働率が落ちると赤字になるので、仕事を切らさず行うため伐採地を確保し続ける必要があります。結果として怪しい物件、偽造した伐採届の土地でも手を出したくなるのです」

高性能林業機械は、たしかに効率がよい。一人が操縦するだけで、伐採量はチェンソー伐採のざっと五倍になると言われる。ただし伐る対象の山がないと、稼働できない。しかし、日本の山の所有は概して小規模で、一人で一ヘクタール以下の所も多い。つまり小規模な山林の伐採を終えたら、すぐ次の伐る山を確保する必要がある。また伐れる山を見つけても（契約しても）、それが離れた場所の場合、機材の移動だけでも手間とコストがかさむ。林業機械は公道を走れないのだ。

もし機械を休ませると、融資の返済が行き詰まる。だからなんとしても稼働させる山林が必要となるのだ。もともと木材価格が多少上がったといっても、コストを多くかけると赤字になってしまう。できる限り安値で伐採しなければ利益が出ない。

だから隣接した山を伐りたい。その森の所有者を説得できればよいが、OKしない所有者も少なくない。無断で伐れば、所有者へ木材代金も支払わずに済んで、まる儲けできる。手間を省き、より利益を得るために違法な伐採に手を染めたくなるのだろう。ここに盗伐の素地というか、動機が潜んでいる。

一方で、森林所有の実態と所有者の状況も、盗伐を誘発しやすい要素がある。

すでに説明した通り、長く続いた木材価格の下落は、所有者の林業意欲を削いできた。また世代交代も進んだ。子どもや孫の世代は都市に移ることが多く、相続しても自分の持ち山に行ったことがない人が増えていた。自分の山の場所や面積も知らない。いや名義も変えず放置する人が多い。

すると自分の山の境界線が皆目わからなくなる。さらに名義者の相続人の数に所有権が分散していく。もしその所有林を何かに利用したいと考える人が現れても、了承を取りつけるのが極めて難しい。だから通常の業者ならば、境界線がはっきりせず名義人も複数に分散した森林には手を出さない。ところが、違法を承知の上で手を出す業者にとっては、そうした森林こそがターゲットになる。

所有林に興味を持たない所有者は、林業事情についても知らないことが多い。木材価格の相場もわからず、勝手に伐られても「誤伐だ」と言い張られると反論しづらい。示談金を支払うと言われれば、金額の妥当性もわからず認めてしまいがちになる。

これまで費やした経費や木材価格からすれば安すぎる示談額でも、まったく金にならなかった持ち山から多少の金銭を得られれば満足する人もいる。ただし一度受け取れば、もう告訴もできなくなり、その後も伐られ続ける可能性がある。

乱暴に伐られた山は、後々崩壊する可能性も高いが、気にしないのだろう。

ところで宮崎県に伐採業者はどれだけあるのだろうか。宮崎県で長く林業を続けている人に尋ねても、正確な数はわからないという。法人ではない一人親方的な業者もいれば、何十台と機械を揃えた大手もある。新規参入も多い。また他県からも来る。隣県はもちろん静岡や愛知の業者が入ってきた時期もあったという。他県からも宮崎県は儲かると思われているのだろう。

「昔は家が代々林業に関わっていたり、森が好きだからという人が多かったが、今では田舎に仕事がないから林業でもやるかという人が増えた。森にも木材にも興味はないけれど、重機を操縦するのが好きという人もいる。儲かるらしいと聞いて技術もないまま始める人もいるんですよ」（宮崎県のある林業家）

ただ森林所有者を見つけて口説き、まとめて一定の面積にする役割が必要だった。それは新参者には難しく面倒な仕事だ。そこでブローカーが登場する。その仕事を請け負うのは、本来なら「地域の山林事情に詳しい地元の人」だったのだが、今は地元に何のつながりもないまま手を出す。

しかし所有者の了解が得られない、あるいは探し出して口説くのが面倒となると、伐採届の偽造に手を染める者も現れる。伐採業者は、そうした事情を知ったとしても目をつぶる。ようは伐る山さえあればいいからである。

同時に木材が欲しい木材業者（木材市場、製材会社、製紙会社、バイオハス発電所……）も、木材の素性を薄々感じていても、追及しない。こうして業界全体に盗伐の動機の連鎖が起きている。

3 監視が抜け穴だらけの論理

盗伐を誘発する要因の残る一つが「緩い監視の目」と「罰則の緩さ」である。

幾度も触れてきた通り、山村の過疎化が進んでいる。以前なら、山で伐採が始まったら、すぐに気づく地元の人がいた。声もかけただろう。その山が誰のものか、また伐採する計画があったのかなかったのか、地元住民も知っていることが多い。だが、今では人口減少に加えて高齢化も進み、地域社会が崩壊しつつある。

また伐採業者も、かつては地元の見知った人だったが、近年は遠方から来る例が増えている。車両を使って広範囲のエリアを事業対象にするようになったのだ。宮崎県に他県から来ると聞いたが、私も京都府北部で四国から来た業者と出会ったことがある。

地元の人々を見知っていない結果として、仕事が荒くなるというのはよく聞くことだ。

すべての業者がそうだとは言わないが、知らない山、一度限りの請負仕事、そして依頼主を含めてあまり親しくない人々との仕事では、ていねいさを欠きがちだ。伐採は一度きりで、終われば次の仕事をするつもりもないのだろう。

そうした監視の目、そして業者の土地への親しみの有無が、山仕事には大きく響く。

宮崎県では、盗伐防止対策の一環として木材を運ぶトラック組合に山の異常に気づいたら報告してもらうよう要請している。中山間地を走る際に伐採現場を見かけるだろうという発想のようだ。しかし少し考えればわかるが、盗伐業者と木材運搬業者には利害関係がある。自分が運ぶかもしれない木材を生産している業者を告発することができるだろうか。そもそも、盗伐業者と組んでいる運輸会社もあるはずだ。

ほかにもパトロールを呼びかける声はあるが、見つけた伐採現場が違法なのか合法なのか一目で区別するのは難しく、いくら怪しいと思っても間違うリスクを犯して届け出て、恨みを買うのはごめん被りたいだろう。

罰則の軽さも犯罪を助長しているように思う。森林総研の御田成顕さんによると、「かつて司法の教科書に取り上げられていた森林犯罪が、近年消えてしまいました。法曹界でも重きを置かれなくなってきたのでしょう」。

もともと森林窃盗を一般の窃盗と分けているのは、歴史的に盗伐を地元の人々の止むを

森林法第８章罰則（第197条から第213条）の構成と森林犯罪

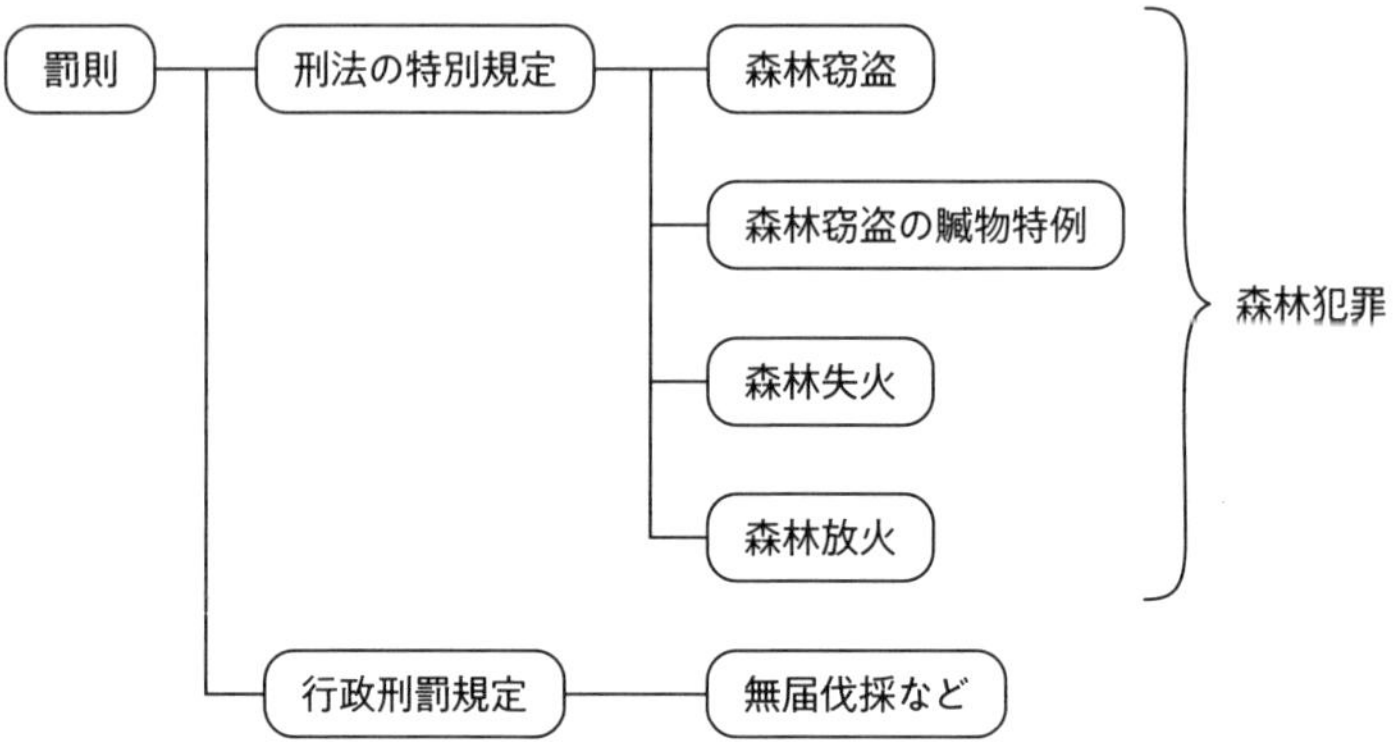

森林総合研究所東北支所　御田成顕氏作成

得ぬ行為とする認識があるからだ。明治以降の立法時に、地元の人が生活のために行う行為まで泥棒、窃盗として告発するのは厳しすぎるという気持ちがあったのだろう。そこで「森林窃盗」という区分けがされて罪を一等軽く設定したのではないか。

「森林犯罪は特別法と規定されていて、一般法である窃盗罪より優先的に適用されます。するとより罪は軽い状態になります」（御田さん）

そして軽い罪には、警察も積極的に立件しようとしないのだろう。

監視体制の不備や刑罰の重さなど、警察が動きにくい、動きたくない要素をあげてきたが、私が感じるのは、警察だけでなく一般人も森林に対する意識が曖昧で関心が弱いことだ。

某自治体の市民アンケートで「山は誰のものですか」という質問に対して、ほとんどの人が「みんなのもの」と回答したという話がある。宅地や農地なら所有者がいることは自明だが、山や森となると急に認識が曖昧になる。所有者がいると知っていても、自然の広がる空間は公共物という意識があり、「みんなのもの」と感じるらしい。だから侵入したり手をつけたりすることへの心理的ハードルは低い。

たまに山村の畑で栽培している野菜や果物を平気で盗むハイカーが出没すると話題になる。私の周りでも段々畑に侵入して勝手に「収穫」していた事件があった。私の持ち山で勝手にタケノコを掘っていた人間もいる。注意しても悪びれない。

他人の家に侵入したら明確な犯罪行為だ。さらにその家のものを持ち出せば、完全に窃盗で、それが犯罪となることは言うまでもない。だが山は、簡単に侵入できる。また違法な行為だという認識が弱く、「この程度のこと」と思っている。

同じように、法律的にも森林の位置づけが弱い。

気候変動対策の脱炭素などの動きで再生可能エネルギーを増やすため、メガソーラーによる太陽光発電が広まり始めた頃、設置対象と意識されたのは、休眠状態の工場用地や耕作放棄された農地だった。使われていない広大な土地を有効利用する発想である。ところが、どの土地も開発時に設けられた条件などがあり、簡単に用途転換ができないことも多くて、許可を取るのが大変だった。とくに農地は、農地法などで農業以外の開発が規制されていて、クリアするハードルは高かった。そこで目を向けられたのが、森林である。

森林の開発規制は緩い。一応森林法、河川法などいくつかの規制はあっても、農地などを開発するよりははるかに簡単だ。しかも、自治体の担当者は山の事情に詳しくない。申請書類に記された工事内容や数値などの是非もわからぬまま判断する。許認可も通りやすいのが現実だ。

だから開発業者が殺到することになる。しかし、森林を伐採することは脱炭素に反する所業である。メガソーラー設置の目的から外れてしまっている。もちろん開発業者は、そうしたことに興味はなく、単に儲かるビジネスと捉えているのだろう。

法律的にも人々の意識の上でも、森林は〝軽い〟のだ。警察が盗伐をなかなか摘発しないのも、木を伐採されたことぐらい、殺人や強盗などに比べたら小さなことだ、という意識があるのだろう。だが、環境への悪影響は格段に大きい。

4 ブローカーが転売する論理

宮崎県の林業界の特殊事情として気づくのは、ブローカーが多く登場することだ。ブローカーとは、人脈によって森林を売りたい人と、買いたい人・伐りたい人を結びつける仕事である。そのための手続きの代行もする。とくに資格は必要ない。

森林を扱うブローカーはどこの地域にもいる。基本的に地域の森林の状況（林齢や育つ木の質、そして所有者など）をよく知っている人が行う。それだけに地元の人や林業界に長く関わってきた人が行うものだった。

ただ宮崎県の場合は、このブローカーが、盗伐に深く関わっている。

仲介業の役割を整理すると、まず金になる木の生えている森がどこにあるのか見つけること。次に所有者の意向を確認するか説得して伐採を了承してもらうことだ。そして近接の森林をある程度まとめて広面積にして伐採業者に渡す。その際に伐採届など必要書類を用意して提出の代行も行う。

伐採事業は、仕事にできる程度の森林面積を確保する必要がある。最低でも一ヘクタール、できれば五ヘクタールくらいはないと、機械を入れて木材を搬出する手間やコストに引き合わないからだ。しかし小規模所有の地域だと、一ヘクタールでも所有者が何人何十人にも分散していることが少なくない。各所有者を口説いて伐採届を得る作業を伐採業者が自分で行うのは面倒なので、ブローカーにまとめてもらうわけだ。

しかしブローカーにとっても、対象とする森林の所有者すべてに連絡を取るのは大変である。所有者不明や県外在住者だと極めて難しい。了解を取れない場所が道路に通じる土地であれば、その山全体の伐採と搬出が不可能となる。

それなら伐採届を偽造してしまおう、という輩が登場するのだろう。さもないと、ブローカーは手数料も受け取れない。

一方で盗伐を行う業者にとっては、一カ所でも伐採届を得られたら、機材を運びこんで伐採を始められる。許可を得ていない森林まで伐採しても「誤伐だ」と言い逃れする魂胆だ。誤伐なら刑法にかからず、多少の賠償金を支払えば逃げきれる。本来なら、その木を植えて育てるまでのコスト と、木材の価格、さらに不法侵入に当たる賠償、再造林費用などを考えると相当な額になるが、提示する金額は一桁から二桁少ない。何ヘクタールも伐採して、本数もおそらく一〇〇〇本以上にもなるだろうに、二〇万円、三〇万円といった賠償金で示談にしようとする。

ブローカーも、発覚前に先に所有者の元を訪れて「間違えて伐った」と申し出る場合がある。当初から誤伐で押し切る計画なのだ。

もちろん所有者はすぐに納得しないだろうが、強圧的な交渉で示談を成立させれば、しめたものだ。森林に興味のない所有者なら、簡単に応じてしまうだろう。

ちなみに事例からわかるのは、ブローカーが伐採業者に依頼されて山の取りまとめを担当することが多い。ややこしいのは、そうして得た伐採届(偽造も含む)と伐採業者の間に別の業者が入ることも少なくないことである。伐採届を買い取った業者は、それをまた別の業者に転売する。いくつか経由させて、最終的に元の依頼した伐採業者が買い上げる形にする。

転売には手数料がつくから、出費は増える。なぜ、こんな手間をかけるのか。

想像になるが、最終的な伐採業者は何件か間に別の業者をはさむことで、責任を回避できるからではないか。自分が直接所有者と交渉したのではなく、あるいは伐採届をブローカーから直接買ったのでなければ、伐採届の偽造などの罪に連座する心配は少ない。ブローカーから聞かされた土地の範囲を伐採しただけと装えるのだ。間に入る業者も、手数料稼ぎで転売買に応じるはずだ。それに関係者が多数になり複雑になることで、盗伐意図をわかりにくくする効果もある。

なお伐採業者は、重機など機材を揃えるのに、まとまった金が必要となる。県などの指定業者になれれば補助金も利用できるが、宮崎県の場合は、木材市場を経営する法人が業者に出資するケースも多いそうだ。市場としては多くの木材を出荷してほしいわけだから、そのために伐採業者を育てる意識があるのだろう。金を貸して機材を購入させ、木材を伐らせて市場に出荷させると手数料を受け取れる上、出資した金の返済もある。金利は銀行融資などより高いから十分に儲かる。

だが木材市場は、搬入される木材の素性を確認していない。盗伐された木材と薄々感じながら黙認している部分があるはずだ。その点では、伐採業者、ブローカー、木材市場みんながグルだと言えなくもない。

こうした点からも、宮崎県の盗伐には、業界あげての計画的犯罪の臭いがする。

5 仕事をしたくない警察の論理

私が宮崎県の盗伐案件を調べ始めた際にもっとも気になったのは、盗伐そのものよりも、その後の関係機関の対応である。

すでに触れているが、何より警察や自治体などの不作為や消極姿勢が目立つ。被害者としては、自分の山が勝手に伐られた悔しい思いを救ってほしくて、まず連絡するのが公的機関の警察や自治体だろう。しかし、その対応を聞いて、私も唖然とした。

まず警察が被害届を受けつけないだけでなく、警官が伐採が行われている現場に行っても止めようとしない。それどころか最初から示談を勧める。

こうした件に対する宮崎県警の書面による回答は、「個別の事案に応じ、適切に対応しています」「犯罪があると思料される場合は捜査を行っています」だった。

自治体も、偽造された伐採届を受理したことに関しての責任はない、の一点張りだ。権利者が亡くなっていた場合も、気がつかなかった、で済ます。あくまで紙(伐採届など)の上の情報を確認し、適合しているから受理したと言う。

思い余って政治家(市町村の議員や県会議員、そして国会議員)に助けを求めるが、事態は動かない。親身になってくれる議員も少数いるが、たいていは聞き流す。中央官庁(林野庁など)に相談しても、暖簾《のれん》に腕押しだ。話は聞いてくれるのだが、その後何か解決に向けて目立った動きをすることはないのである。

被害者は、自分の山の木を勝手に伐られて盗まれたことよりも、そのときの諸機関の対応に不満を多く口にする。むしろ対応のひどさに強い恨みを持つ人の方が多いような印象さえある。

盗伐業者と警察の癒着を疑う声も出る。さらに政治家との癒着、そして林業界全体が盗伐を容認し、警察も政治家も自治体までも結託しているのではないかと疑う。宮崎県全体、さらには日本国の政界・産業界そして司法、すべてが敵になってしまった意識に陥ってしまうのである。

実際に宮崎県議会では、盗伐問題について議員が「あまり声を大きくすると、木材生産量が落ちてしまう」と意見を述べる有様だ。

また国会で宮崎の盗伐問題を取り上げた日本共産党の田村貴昭衆院議員の質疑では、宮崎県副知事の経験もある牧元幸司林野庁長官（当時）が「盗伐と言われますが、誤伐か盗伐かはわからない……」と答弁した。日本の森林を監督する官庁のトップが、そうした認識であり、問題視することをなるべく抑えようという意図が感じられる。

ここで業者と警察や政治家との癒着を勘繰る気持ちは理解できる。私もかなり怪しく感じている。しかし証拠もなく単純に決めつけるのもよろしくない。まずは、なぜ関係機関が前向きに取り組まないのか、その理由を探るところから始めたい。

警察が被害届の受け取りを拒否する理由の一つに、必要事項が揃っていないことがある。被害届に決まった様式はなく、事件の内容に応じても異なるが、たいていの場合、次のような項目が必要だ。

- 被害者の住居、職業、氏名、年齢
- 被害の年月日時
- 被害の場所
- 被害の模様

- 被害金額
- 被疑者の住居、氏名又は通称、人相、着衣、特徴など
- 遺留品の有無や参考となるべき事項

しかし、盗伐が行われた年月日、時間帯を正確に把握できるのは稀だ。何年も前であることも少なくない。すると時効に引っかかっていることも有り得る。

場所も、境界線を確定していない山の場合は、本当に被害者の山なのか証明が必要となる。被害者（所有者）も、土地の名義は亡くなった親のままか、さらに遡る先祖の場合も多い。すると相続人は複数に分かれてしまうことになり、被害を訴える人が確実な所有者と言えなくなる。あるいは複数の相続人すべての合意があるのかも疑われる。

そして被害金額の算定も難しい。伐られた本数の算定も面倒だが、木材価格にすると、スギの丸太一本で数千円に過ぎない。数十年も育てた際にかけたコストと手間は斟酌されない。そのため思いのほか安くなり、たいした被害ではないと感じてしまう。

なお一般論だが、被害届を受理するのは警察の義務ではない。すぐに受け取ること自体が珍しいと言われる有様で、せいぜい「預かり」で済ます。正式に受理となると、捜査をしなくてはならなくなるからである。そこで「とりあえず預かるけど、受理ではないから

捜査はしない」、あるいは（捜査する気がないから）受理しないといった対応になる。

盗伐とは違う事例だが、某自治体の町有林に土砂が不法投棄された事件で、町長名で被害届を出したものの、警察は受理しなかったこともあるそうだ。相手によって受理の可否を決めているとも言えない。

こうした警察の立場と法的な問題について、宮崎県の盗伐事件を引き受けた只野靖弁護士（東京共同法律事務所）に尋ねてみた。

「警察は、殺人、暴行・傷害、強盗など、生命、身体に関する犯罪については、努力を惜しみません。一方で、金銭的な被害だけにとどまるものは、相対的に時間を割きません。金銭的な被害であっても、外形的な行為がはっきりしている窃盗などは取り扱いますが、明確にわからないものは苦手。典型的な詐欺や横領、収賄などは嫌がります」

外形的というのは、目に見える形での金や物の動きである。他人の財布から金を抜き取って自分のものにするケースならわかりやすい。逆に人の内面に関わるものは見えない。盗むつもりだったのか間違ったのか、預かったつもりなのか、騙してやろうと思ったのか……などである。まさに盗伐か誤伐かで争う事案もそれに当たる。

刑事事件では、行為が故意だったのか過失だったのかが有罪無罪の分水嶺になりがちだ。故意もしくは過失というのは心の中の問題で証明するのは難しいから、過失でも損害賠償の対象になる民事じゃるべきだという発想があるそうだ。

「しかも刑事事件の有罪立証は、九九・九％確実であることを求められます。冤罪防止の観点から、『疑わしきは罰せず』の原則のためです。一方で民事事件の場合は、十中八九でよいとされます」（只野弁護士）

警察は、盗伐は刑事事件よりも民事事件として扱うべきと判断しやすいわけだ。

そうした判断に大きく関わるのは、立件とその後の公判維持の可能性だ。現在の法制度の中では、立件し刑法で裁くには非常に厳密な証拠の積み上げがいる。罪状によって証拠を緻密に積み上げていく手続きがある。刑事裁判になったら、その点のやり取りが問われるから、多少とも立証に不安があったら、取り上げたくない。

立件した場合、被告の言い分を抑え込むだけの証拠が必要だが、盗伐案件の場合は客観的な証拠をつかみにくい。被害者も、その山に滅多に足を運んでいなかった場合は、事件前の状況をよく知らずに説明できない。

とくに土地の境界線を確定させていないとか、相続登記がされておらず名義が誰か確定していない場合、土地が共有だった場合。加えて犯罪事実の日時の特定、犯人性（犯人と被疑者との同一性）の特定など客観的な証拠の裏づけが必要である。

そもそも森林や林業の事情、そして山の現場の状況は、刑事も検事もよく知らないだろう。森林所有の境界線が曖昧なケースが多いこと、伐採するには伐採届を提出しなければならないなどの業界の事情は、法曹関係者でもあまり知らない。森林関係の法規もマイナーである。だから被害届が持ち込まれても、事件の概要をなかなか理解できない。日常業務で知らないことを改めて勉強してまで扱いたくない。

また山の現場に足を運んだとしても、何を調べてどんな証拠集めをすればよいのか、そこから迷う。意図的に無断で伐ったことを証明するのは難しいからだ。一〇〇〇本近く伐られたはずなのに、立件は二〇本程度というのも、なるべく手間をかけたくないからだろう。法的な罰則は二〇本であっても一〇〇〇本であってもあまり変わらないという点もあるが、こうした警察の態度によって、世間から「たった二〇本で立件されるの」という声が出る。

そして、なんとか有罪に持ち込めても罪は軽く、たいていの場合は罰金で済むか執行猶予がつく。それでは手間をかけて摘発する意欲が湧かないのかもしれない。

こうした警察の対応の要因を調べているうちに、私も感じたことがある。

一般人は、法律とは一つの事象にここまでは適法、ここからが違法と、きちんと線が引かれているものと思いがちだ。しかし、司法関係者の話を聞いていると、そうした線引きはわりとあやふやで、担当者の胸先三寸で決まるらしい。

それは警察、検察、そして裁判所でも共通するものだ。そして線を動かすものは、折々で違う。担当者の感情や個人的な思想でも揺れるようである。

警察官も人間だから、面倒な事件に手を出して仕事を増やしたくない、被害者の態度が気に食わない……などの理由・動機で、扱うか否かを判断するのかもしれない。また犯罪行為を実証するのが大変だと予想できれば、できるだけ関わりたくない。手間隙《てまひま》かけて調べても、立件できなければ徒労だし、立件しても裁判で負けたら自身の経歴に傷がつく。

また、ほかに殺人など重大犯罪が起きれば、そちらへの対応に忙殺されて「盗伐なんかに」かまっていられなくなる。すべての事案を扱うのではなく、担当者が、扱う事案をどれにするか「選択」するのだ。

上司の判断、好き嫌いも影響する。どうせ「選択」するなら、上司の意向に寄り添うかららである。そのため、盗伐事案を扱うのを嫌がる上司の元では、なんとしても事件化しないようにする……のかもしれない。

また対人の好き嫌いも露骨に出る。被害者の会のメンバーがしつように追及すると、逆にかたくなに被害届を受理しない、話を聞かずに追い返す、という態度を取るという疑いもある。逆に、加害者側を追及しすぎて、地域の産業界や政界を巻き込みかねない恐れがあると、より慎重になるのだろう。

裁判所にしても、冤罪を恐れる立場から、いくら疑惑が濃厚であっても、確実な証拠がない場合は無罪にする。一般人からすれば、明らかに故意の無断伐採（たとえば、伐採届にある面積の一〇倍も伐ったら境界線を誤った結果とは信じられない）であっても、誤伐だと主張されれば、それを覆す証拠を提示されないと有罪とするのは難しくなる。

なお傍聴する人数も、判事の判断に影響するそうだ。傍聴席が満席だと、世間が注目している事件であると感じるから慎重になる。マスコミの報道もある。注目度は裁判への注力度にも関わる。だから弁護士は、傍聴席を満員にしたがる。注目される裁判で、世間の常識と相いれない判決を出せば指弾されかねないという意識も働くという。

つけ加えれば、弁護士も盗伐案件を取り扱いたがらない。宮崎県では引き受け手がなかったと聞く。森林や林業関係の法律は非常にマイナーで、法律の専門家といえども詳しくは知らないのである。過去の判例などを確認するのは大変であり、調べてみるとあまり勝ち目がない。仮に勝訴して罰金などを取れても、金額は知れているから、弁護士報酬も期待できない。言い換えると儲からない。だから引き受けたくないのだろう。

しかし、と思う。私なりに警察など法曹関係者が盗伐を扱いたがらない理由を推察してきたが、だからといって納得できる事態ではない。被害を訴えてきた人物に対して、けんもほろろの対応でよいのか。とくに被害届を受理しない理由、不起訴になった理由などをどこまでていねいに被害者に説明したのか。

なかでも宮崎県警の対応は異常である。被害届の不受理に留まらず、示談を勧めるなど有り得ない事態だ。他県の事例では被害者への対応はもう少していねいだった。同様に不起訴にした場合でも、不起訴になった説明が詳しくあったという。

ここまで宮崎県警が盗伐に関して不誠実な対応を行うのは、やはり組織としての意思を感じる。盗伐事案を、最初から扱いたくない気持ちがアリアリと出ている。聞く耳を持たないのは、諦めさせようとわざと邪険に扱っているのではないかと疑ってしまう。言葉づかいも、被害者に寄り添っているとは思えない。

もし積極的に盗伐の被害届を受理し始めたら、収拾がつかなくなるほど多数あることを見込んでいるのではないか。

そうした行為は、被害者からすると加害者の味方をしているように映るだろう。盗伐業者も、「自分たちは絶対に捕まらない」とうそぶいているそうだ。「ちゃんと（警察関係者に）金を渡しているんだ」と言ったという証言さえある。だから業者と警察の癒着、さらに政治家との関係を疑うまでになる。

それが心をより傷つける。警察などの担当者が、被害者の心を慮《おもんぱか》る対応をするだけでも、盗伐被害の痛みは相当抑えられるはずだ。ところが現実は、二次被害によって傷口を広げられているのである。

被害者にとって最後の砦とも言える法曹関係者がそんな対応をするようでは、苦しむ人を増やすのに加担していると言われても仕方がないのではなかろうか。

5

世界中で頻発する盗伐事情

1 熱帯諸国で起きる違法伐採

本章では、世界に視野を広げて盗伐の実態を追及する。盗伐は日本だけの問題ではない。むしろ苛烈な現実が地球上そこかしこで起きているのだ。

まずは、熱帯諸国。主に東南アジアや南米、アフリカ、そしてニューギニアなど大洋州で起きていることである。

学生時代、私はマレーシアのサバ州を訪れた。ボルネオ島の北部だ。当時のサバ州は、日本にとって南洋材の産地だった。そんなジャングル奥地のティンバーキャンプ、つまり伐採基地でしばらく過ごしたことがある。

ジャングルの中に仮設らしい高床式の建物が並び、そこで寝起きしつつ伐採事業に従事する人々がいた。働くのはフィリピン人が多かった。基地の真ん中の広場には巨大な丸太が積まれていた。毎日、森の奥で伐採した木を引っ張り出してくるのだ。それは、貯まるとまたどこかに運ばれていく。近隣の木材輸出港に運んでいるようだ。毎夕のスコールの後に巨大なトラックが地道の泥をかき乱して走るシーンが記憶に残っている。

パプアニューギニアを訪れて、ニューブリテン島の山中にあった木材商社の事務所にお世話になったこともあった。そこではジャングルの巨木を伐採する作業に同行させてもらった。伐採といっても、一定面積の樹木を全部伐ってしまう皆伐ではなく、熱帯地方では、ジャングルに分け入って、木材として使える木を探す過程から始まる。

パプアニューギニアのニューブリテン島の伐採現場

最初に見つけた直径二メートルを超える巨木は、チェンソーを抱えた人が伐ろうとしたものの、リーダーがストップをかけた。幹が曲がっているので使えないというのである。またしばらく歩いて、見つけた真っ直ぐな幹の大木を伐採した。

倒伏した木には、枝葉を払ってから幹部分にワイヤーロープがかけられた。そこに林道から現場まで、ブルドーザーが多くの木々をなぎ倒して入ってきた。そしてロープを引っ張って林内を引きずり、丸太を林道まで出す。

森を破壊するのは伐採ではなく、この搬出作業ではないか、と気づいた。伐られるのは、一ヘクタールに二〜三本だけである。それぐらいなら自然倒木でも有り得る。実際、熱帯雨林では日々倒木の音が響く。だが、その数本を搬出するのに森を引き裂いている。ブルドーザーが細い木などを無造作になぎ倒し、丸太が引きずられた地面は表土がえぐれた。林道までの距離によるが、相当な面積を破壊していた。

当時、日本商社が熱帯雨林を破壊すると騒がれていた。たしかに伐られた木の大半は日本に輸出されていた。また外材と言えば圧倒的に南洋材、ラワン材というイメージがあった。ラワンとはフタバガキ科の樹木を指すが、フィリピンの名称だ。ボルネオ産ではメランティと呼ぶ。ニューギニアではナンヨウスギ科のアガティスなどが伐られた。

もともと日本の南洋材輸入はフィリピンに始まり、それを伐り尽くすとボルネオのサバ州、そしてサラワク州に移った。またボルネオの南半分を占めるインドネシアのカリマンタンでも伐採が進んだ。ただインドネシアはわりと早くから丸太の輸出を禁止して、製材や合板輸出に切り換えている。一方でマレーシアでは原木が足りなくなると、インドネシアから密輸するケースも少なくなかった。

そのほかタイ、ビルマ（現ミャンマー）、カンボジア、ラオスと東南アジアの森は、常に木材採取の対象となり続けた。それがニューギニアやソロモン、バヌアツなどの太平洋諸国、さらに南米、アフリカへと広がっていった。

近年は、どこの国でも選んで伐るほどの大木がなくなってしまったという。すると細い木も含めて全部伐る。跡地は製紙原料になるアカシアやユーカリなどを植えて人工林にするか、アブラヤシのプランテーションにするのだ。

そうした木材の利権は、多数の会社を持って幅広い事業を展開するコングロマリット（巨大企業集団）が持つ。彼らは木材マフィアと呼ばれるが、木材だけを扱うのではなく、製材、製紙から物流、不動産、そして金融にまで事業を広げているケースもある。舞台となる国も多国籍に展開する。また政界にも足がかりをつくり、そのネットワークは世界中を包み込むほどの力を持っている。彼らの手によって違法に伐採された木材は世界中に散っていく。

もはや他人の土地でこっそり伐るのではなく、大規模に政府・州政府を巻き込んで伐採することが多い。ただし汚職も絡むので、極めてグレーだ。問題は、保護区の無視や伐採量・樹種を偽るほか、森の中に住む少数民族の生活エリアを侵して伐採されることもある点だ。少数民族は、慣習的な森の利用を認められエリア内の森も保護されているものの、所有権は明確にされていない。

生活の場である森を奪われた森の民は、伐採を止めようと林道にバリケードを築いたこともあった。一九九〇年代、サラワク州の狩猟採集民族プナン族の林道封鎖が世界的に知られたが、ほかの少数民族の多くも林道を封鎖する事件を起こしている。いくつかは多少の金銭で懐柔されたが、かたくなに撤去しなかった部族もいる。

だが、その行為は政府からすると違法だ。最後は林道を封鎖した人々が逮捕される。森を守るための抵抗運動が違法となり、森は奪われていった。

追い詰められた森の民は、今度は生きるために森林を伐採するようになった。一つは林業会社から賃金を得るための仕事として。もう一つは自ら盗伐して木材を業者に売って金を稼ぐのである。

一九九〇年代末に訪ねたボルネオ奥地の村は、かつて林道封鎖を行った民族が住んでいたところだ。しかし、もはや村の若者の仕事は、伐採会社に勤めることになっていた。そして村を出て町に移り住む。ロングハウス（住民が住む巨大な長屋）には、老人と子どもばかりが残されていたが、部屋には、代わりに場違いなテレビなどの家電が並んでいた。

より複雑なのは、直接的な業者の伐採だけではないことだ。林業会社が、合法的に森へ分け入る林道を開けば、それを利用して住民（森の民だけでなく、町からの移住者を含む）が入ってきて、森を完膚なきまでに伐り尽くす例もある。さらに焼き畑を行い、その先はアブラヤシのプランテーション建設へとつながっていく。

また政情も絡んでくる。内戦状態になると、森林地域に立てこもった勢力が戦費を稼ぐために大規模に盗伐した。また内乱に追われた避難民は森林内に逃げ込むことも多いが、すると森を切り開いて仮設住居を建てたり農地をつくったりする。

ミャンマーでは、クーデターで軍が政権を握ると、国立公園など自然保護区で盗伐が激増した。政権側も、抵抗する少数民族側も、盗伐した木をゾウやウシに運ばせ、筏を組んで川に流す。最近ではトラックの走れる道路も建設し、河川には運搬船が航行するなど、おおっぴらになってきた。カンボジアの例では、伐採した木をその場で板や角材に製材してしまうそうだ。簡易製材機も出回っている。多くは中国に輸出されるという。

現地の違法伐採だけを糾弾していても埒《らち》があかない。

これまで日本は、外国の木材市場や林業会社が販売する木材を買うだけ、という立場で、違法行為は当事国の問題として逃げてきた。しかし、近年は取引に合法証明をつけることやトレーサビリティを開示することが貿易ルールとなりつつある。違法な木材を輸入し流通させることも同罪というのが国際的な認識だ。

それでも日本には違法伐採の疑いのある木材が入ってくる。最近では、東京オリンピック・パラリンピック2020（実際は二一年開催）のメイン会場となった新国立競技場で使われたコンクリートパネル（コンクリートを固める際の合板の型枠）が問題となった。それらが違法伐採された木でつくられた可能性が高いと、国際的な環境NGO四四団体が警告して使用することへの反対運動が起きたのだ。

東京五輪施設に熱帯材合板を使ったことへの抗議活動　©bruno manser fonds

日本は世界最大の熱帯材合板の輸入国で、日本の輸入する合板の約九割がマレーシアとインドネシア製である。日本で消費する合板の約半分が国産針葉樹合板になってきたが、今も熱帯材の合板は、木目が出ずセメントが付着しにくいコンクリートパネルとして重宝されている。とくに多いのがマレーシアのサラワク州産である。サラワク州は、森林減少が進む地域の一つであり、そこで生産されるコンクリートパネルは、合法か違法か判別できないグレー木材である可能性が高い。

奈良を代表する寺院・興福寺は、二〇一八年に中金堂を再建した。使われた木材には、直径七七センチ以上、長さ一〇メートル級の巨木の柱が三六本ある。その材を日本ではアフリカケヤキと呼んでいたが、アパとかアフゼリアという名の熱帯木材だ。赤身が強くケヤキとは似ても似つかない材質だが、硬くて柱には向いている。

興福寺によると、カメルーンの木材市場を通して何年もかけて買い集めたものだという。それらの巨木は、おそらく中央アフリカの熱帯雨林地帯から伐られたのだろう。正当な取引だというが、買い集めた期間はカメルーンの政情が不安定な時期だった。現在でもカメルーンは、テロが頻発し治安が悪化している。外務省も、一部地域に退避勧告や渡航中止勧告を出している。市場で取引されたから合法とは言えないのだ。そもそも天然林から伐り出した巨木は再生に数百年かかり、持続性は認められない。

輸入材は大径木材だけではない。熱帯木材ならではの銘木もある。たとえば最高級のフローリング材や内装材として知られるイペ、それに準じたウリン、そしてマホガニーやローズウッド、ブビンガ、チークなどは家具材としても人気だ。だが、すでに資源は枯渇気味で、保護林から盗伐されているという噂が絶えない。とくにローズウッドやメキシカンマホガニーなどは、ワシントン条約の対象で海外取引禁止である。

またコンクリートパネル用だったラワン材も、最近では内装用の高級材に化けるようになった。熱帯木材は、かつて大木が多く安いのが魅力だったが、今では希少な銘木扱いされているのだ。熱帯材ならではの木肌を好む消費者が現れたからだろう。

なおつけ加えると、これら熱帯諸国が、どこも盗伐に対して無策というわけではない。たとえばインドネシアでは、木材合法性保証制度を設けている。そこでは合法性基準やサプライチェーン管理、合法性確認プロセス、ライセンス制度、モニタリングと非常に厳しい基準がある。また合法性だけでなく、自主的な持続可能性の保証も必要とされている。さらに監査のほかに独立外部モニタリングの制度も設けられている。

これらの内容に目を通せば、日本よりはるかに厳しく厳密であると感じる。違法木材の使用を禁止する項目もなく、また違反しても罰則のない状態の日本と比べると、非常に進んだ内容だ。違法木材追放の法的な裏づけは、間違いなくインドネシアの方が進んでいる。

それはマレーシアの法制度でも感じたことである。

ただ実際に現場レベルで制度が守られているのかどうかは別である。現在でもインドネシアは年間約六八万ヘクタール以上の森林が減少しているのだ。環境NGOなどは、インドネシアが輸出する木材の約七割が違法伐採によるもので、日本が輸入する木材や木製品の二割が違法だと指摘する。産地と輸入元の両方の対策なしでは、違法伐採は防げない。

2 北米で狙われる巨木林

環境意識の高い北米は、盗伐とは縁がなさそうに感じがちだ。

しかし、アメリカの森林局が一九九〇年代に算定した盗伐木の価値は一億ドルで、アメリカ合衆国の公共の土地で伐採される木の一〇本に一本は違法だと推定している。二〇〇三年のAP通信によると、アメリカやカナダでは毎年一〇億ドル相当の木が違法伐採されているという。複数の民間木材事業団が算定した公共の土地（国有林、州有林など）から盗伐された木の価値は、年間三億五〇〇〇万ドルとした。そして世界の盗伐材が取引される闇市場で動く金は、推定一五七〇億ドルにも達するという。

盗伐されるのは、主に国立公園などの森林保護地区だ。伐られた木の中には、直径一〇メートルに達する超巨木もあるという。とくに狙われるのは、レッドウッド（セコイヤ）の巨木だ。そうした木には、火災や強風などで木が傷つくとできるカルス（樹皮が肥厚した瘤）がある。その瘤《こぶ》を「バール」と呼ぶが、そこに美しい杢《もく》（木目）が形成され、高級な木工品に加工すると高値で取引される。このバール狙いで盗伐が行われるそうだ。巨木のバールの部分だけ切り取る場合もあれば、木そのものを伐採してからバールを奪うこともある。そのほか、楽器用の最高級品質の木材も狙われる。

木ではなく原生林の地表に生えるコケを何トンも採取して捕まったケースもある。コケは、重量四〇〇グラム当たり約一ドルでフラワーデザイン用に売れるそうだ。ほかに枝葉や樹皮、キノコ、薬草、牧草、シダとさまざまな森の産物が対象になる。それらはクリスマスツリーになったり、ポプリとしても人気なのである。算定された年代や地域がそれぞれ若干違うものの、とてつもないスケールの盗伐が行われていることになる。

巨木林で知られる国立公園が多い北アメリカ西海岸は、よく狙われるらしい。なお北米大陸だけでなく、ハワイでも盗伐が横行しているそうだ。

国立公園にはレンジャーが配置されるが、彼らは盗伐を防止するため、さらに盗伐者を逮捕するために尽力している。パトロールだけでなく、狙われそうな木の周辺に動体検知カメラを仕掛け、反応があったら現地に急行する。また木材のDNAデータから市場に出回る木材の産地を特定する研究も行われている。その地域が国有林の場合は、盗伐の疑いが濃厚となる。盗伐対策に費やすコストは、カナダのブリティッシュ・コロンビア州で毎年二〇〇〇万ドルに達するという。

対策として、国立・州立公園のハイウェイ沿いのすべての路側帯や駐車場を閉鎖する手段が取られたケースもあった。不法に駐車している車を浮かび上がらせてチェックするためだ。もっとも、確実な取り締まりは難しい。とくにアメリカでは銃器を所有する盗伐者もいるから摘発は命懸けになりかねない。

盗伐者はどのような人物なのか。

多くは地元の人々、それも森とともに生きてきた人なのだそうだ。これまで林業に従事し、製材なども手がけてきた森と木の専門家が、盗伐を手がけるのだという。アメリカやカナダの盗伐現場を追跡したルポ『樹盗』では、盗伐者を「森の圧倒的な美しさに囲まれて暮らす人」「森を愛する人々」と表現している。

森を愛する人が、なぜ森を破壊する盗伐を行うのか。そこには環境保護論者との確執がある。一九〜二〇世紀初頭にアメリカの森林では大伐採が行われた。巨樹を伐り倒すことは、林業だけでなく開発の旗印の下に尊ばれたのだ。そうした林業家の末裔が「森を愛する盗伐者」となったのだという。

時代は進み、今や森林保護、環境保全が錦の御旗になった。そして現実に保護区が各地域に設けられた。伐採跡地に植林が行われても、天然林、それも巨木の森はなくなっていく。そのため、林業は自然破壊産業として扱われだす。自然保護運動家も増えた。都会の生活を忌避して自然の中で暮らすヒッピーの運動も、森林保護運動を後押しした。

一九九〇年代に、ボルネオの熱帯雨林伐採反対運動とも連動して、世界レベルで森林保護運動が起きた。アメリカでは、絶滅危惧種のマダラフクロウの住む森を守ろうという運動となる。象徴的な動物を掲げて森林伐採に反対したのだ。その結果、アメリカでは林業に急ブレーキがかかり木材生産量が落ちた。

しかし森林伐採を止められると、昔から森林地帯で林業——伐採仕事や製材など加工業を営んできた人々の仕事は奪われる。だから反環境運動も激しくなった。デモでは、参加者のTシャツには「絶滅危惧種」と書かれていたという。マダラフクロウの前に伐採職人が消え去るという意味を込めたのだろうか。

それでも伐採禁止地区は広がり、林業や製材業などは逼塞していく。その結果、失業して麻薬などの薬物中毒になる者も出る。彼らの盗伐は、単に金欲しさの犯罪というよりは、自然保護を絶対視する世間の風潮への抗議でもあった。

このように、アメリカで起きている盗伐は、自然保護策によって生業を奪われた人々が復讐のために行う、という面がある。中世ヨーロッパで起きた領主の森林囲い込みに対する抵抗運動と似ている。それは、ときに英雄的行為でもあったのだろう。

ところが近年になって、高級木材を狙うある種〝古典的〟な盗伐とは違う問題が増えてきた。もっと単純な用途、燃料として供される木材の伐採が増えてきたのだ。それはバイオマス発電の拡大によって生じた。

具体的には、木質ペレットだ。木屑を固めてつくられる燃料としてのペレットは、発電所のボイラーに投入しやすく含水率も低くて燃焼効率がよい。単に木片を燃焼釜に放り込むのと違って発電機を安定稼働できる。また輸送も楽になる。脱炭素の流れに乗って、火力発電所も化石燃料からバイオマス燃料へと切り換え始めた。

しかし木材資源に限界のある国は輸入しなければならない。日本も、バイオマス燃料の生産が林業振興になる上に脱炭素だと大いに期待された。しかも燃料にするのは林地残材

5 世界中で頻発する盗伐事情

177

カナダ、ブリティッシュコロンビア州の皆伐地。2022年撮影。© 地球・人間環境フォーラム

や製材端材などだと説明された。しかしバイオマス発電所が稼働すると、木質燃料は足りずに燃やすために木を伐るようになった。それでも絶対量が足りないから、大半が輸入になった。その輸入元の一つが、カナダだ。日本はカナダから二〇二二年で一三〇万トンもの木質ペレットを輸入している。これが、どれほどの面積の森林を伐採してつくられているか想像してほしい。

カナダでも木質ペレットの生産は、枯れ木や伐採後の残材や製材屑を使うというのが公式の触れ込みだが、現実は違う。天然林・人工林を問わず皆伐して砕いたチップを原料にしているのが実情だ。こうした伐採方法が、どこまで違法なのか、国内法に則しているのかか厳密に検証するのは難しいが、森林破壊に直結している。

カナダの木質ペレットには、日本だけでなく韓国もイギリスも頼っている。もちろんカナダ国内のバイオマス発電所も、燃料としている。結果的に燃料に回しすぎて製材所の木が不足する事態さえ起きており、もはや限界だろう。

実はアメリカ、カナダとも林業に赤信号がともっている。これまで伐採量は生長量より小さいから持続的……とされてきたが、最近は怪しくなってきた。すでに各地に広大な伐採跡地が広がる。再造林されても、森にもどるには何十年もの歳月がかかる。しかも人工林の生態系は巨木の林立する天然林とは比べるべくもない。

北米では、盗伐だけでなく合法的な林業にも問題は多い。森林の蓄積量や生長量の算定方法がおかしく、そこから導き出す「年間許容伐採量」は過大に見積もられがちだ。保護区の面積にもカラクリがあり、常に過伐気味。それでも森林減少を招いていないという公式の発表に対して、〝神がかり的林業〟だからと皮肉を飛ばされている。

北アメリカでは、合法・非合法関係なく、森林破壊の進行が重要問題となっている。

3 欧州を巡る林業界の闇

ヨーロッパに林業のイメージはあまり持たないだろう。だが、今やドイツやオーストリア、さらに北欧と、ヨーロッパ各国で林業や木材産業が巨大産業となっており、産出額も非常に大きい。ただし森林保護と林業の持続性に関して厳しいことも知られている。

ドイツやオーストリア、スイスなどでは、皆伐は原則禁止だ。伐採は択伐で行い、また森林管理は専門のフォレスターに権限があり、森林の所有者であっても勝手な振る舞いは規制されている。

だから、盗伐とは無縁かと思っていた。しかしあるとき、グーグルマップの衛星画像でドイツの森林地帯を拡大してみると、意外や木が伐られて丸裸の土地も多いことに気づいた。これは、いかなる理由で伐られているのか。皆伐ではないのか。

この点をドイツの林業事情に詳しい人に聞いてみると、「ドイツだって法律を守らない人はいるからね」と盗伐が行われていることを示唆された。

また皆伐を行うフィンランドやスウェーデンなど北欧の林業では、極めて計画的に伐採を行い監視も厳しいと聞いていた。ところが、過伐はよく発生しているという。国の木材生産量目標が拡大する一方で、そのノルマを達成するためには計画以上に伐らないといけなくなっているのだ。これも違法伐採に含めるべきかもしれない。

このようにヨーロッパでも盗伐問題は無視できる状態ではない。なかでも、厳しい目が向けられているのは、旧東欧および旧ソ連邦諸国だ。

私は町で建設中の木造住宅を見かけると、つい使用される木材を観察してしまう癖がある。建築現場の前に積んである角材や板などには、産地などが書かれたラベルが張られていて、それを覗き込む。最近はシートで覆われて見られないこともあって残念だ。ただ木肌でスギやヒノキなど国産材か、輸入材かぐらいの区別は私の目でもわかる。

輸入材の中でもヨーロッパ材は増えている。産地はスウェーデンなど北欧のものも目につくが、最近増えてきたのがルーマニア材。最初に〝発見〟したときは、東欧の木材が日本に入ってくるのかと驚いたのだが、今では珍しくなくなってきた。

ルーマニアは、ヨーロッパに残された原生林の約三分の二を占める森林大国。その面積は六五七万ヘクタールで、国土面積の二七・五％を占める。国有林が半分を占めて、その五三％は保護林（条件付き生産林を含む）とされている。ブナの原生林があるカルパチア山脈はユネスコ世界自然遺産にも登録されている。

そんな国から日本にどれほど木材が輸出されているのか調べてみると、二〇二一年の輸入量は一三・九万立方メートルだった。日本で使われる構造用集成材（柱材）の約三割が輸入で、ルーマニア材は構造用集成材の一七％を占める。単純計算では、一軒の木造住宅に使われる柱のうち一～二本はルーマニア材になる（林野庁の木材輸入統計）。

ルーマニア材を日本に輸出しているのは、ほとんどがオーストリアの木材会社シュバイクホファー社だった。ルーマニアに五つの加工工場を持ち、ルーマニアの針葉樹（主にオウシュウトウヒ）の四〇％を加工しているのだ。この会社は、ヨーロッパ材の日本輸出の先駆けの会社でもある。今や日本の木材輸入量のうちヨーロッパ産は二割近くを占めているが、その礎を築いた存在だ。

だが、この会社、実は悪名高い。

シュバイクホファー社が違法伐採を繰り返し、ルーマニアの森林をむしばんでいると国際的な環境NGOから指摘されているのだ。

ルーマニアでは国有林、民有林を問わず、国立公園でも違法伐採が行われているという。衛星画像の分析によると、二〇〇〇年から一一年の間に二八万ヘクタールの森林が失われ、生物多様性や住民の暮らしに重大な影響を及ぼしていた。繰り返し警告が出されているが、伐採は継続しており、止まる気配がないそうだ。

ルーマニア・ロドナ山脈国立公園の違法伐採現場。©FoE Japan

ルーマニア環境省は、一五年に同社の二工場に立ち入り調査をし、違法に伐採した木材の加工、輸送および販売が行われていることを確認した。FoEなど環境NGOも同社を調査して、ルーマニアの違法伐採の最大要因が同社だと告発している。政府は一五年、一六年と違法伐採を取り締まる法改正を行った。しかし汚職がひどく、有効に働いていないという。

ルーマニアから日本への輸出額の六割が、木材製品。その大半が構造用集成材だろう。日本側から見ると、木材輸入額は約一〇年間で一〇倍以上になった。そのうち違法木材・グレー木材がどれだけ含まれるのかはわからない。

より事態を複雑にしているのは、シュバイクホファー社の木材は、森林経営および林産物が環境に配慮していることを示す「森林認証」（後述）を取得していることだ。認証団体の一つFSC（森林管理協議会）は、実態を把握して一七年二月に同社の認証を停止した。だが、もう一つの森林認証制度であるPEFC（森林認証制度相互承認プログラム）は何も動かない。

日本は、現地の「合法証明」がつけられていたらOKという立場だ。

ルーマニアの隣国ウクライナからも日本に木材が輸出されている。白いモミの材が墓地に立てる卒塔婆用に重宝されるらしい。

ウクライナの森林面積は九七六万ヘクタール。森林率は一六・五％と少なく感じるが、広大なカルパチア山脈がウクライナ西部を縦断している。ここは、アカマツやトウヒなどの針葉樹林とナラなど広葉樹林に覆われた森林地帯だ。

ロシアの軍事侵攻が始まってからの動向はわかりにくいが、伐採は止まっていない。むしろ軍費を稼ぐために伐採量は増えている可能性がある。ウクライナで起きている戦闘報道を目にすると、背景に森林が映っていることが多々あり、そこに炎や閃光が立ち上ると心が痛む。

二一年の日本の製材品輸入統計でウクライナは一四位、輸入量は四万六八三七立方メートルで、総輸入量の〇・九％。問題は、この木材にも違法伐採疑惑があることだ。

しかもルーマニアの日本向けの製材工場はウクライナ国境にあり、原料はウクライナから供給されたと思われる。つまり日本に輸出されるルーマニア材も、産地はウクライナだった可能性はあるのだ（日本森林技術協会２０１７年レポート）。

日本には、直接輸入されるウクライナ材だけではなく、日本の集成材輸入量二位のオーストリア、四位のルーマニアの分の中にまぎれて、ウクライナの木材が入っていると想像できるわけだ。

環境監視機構（ＥＩＡ）などの国際的な環境ＮＧＯは、ウクライナ政府の森林部門は腐敗しており、広範囲で違法伐採を繰り返しているという報告書を発表している。ルーマニアおよびウクライナは、汚職が蔓延していることが問題になっていたが、木材もその対象だった。

二〇一九年にシュバイクホファー社グループは、ＨＳティンバーグループと改名した。そして二三年にはルーマニアの製材所をドイツの製材グループに売却した。前年にフィンランドの製材所を買い取ったから、ルーマニアの事業を縮小する意向のようだ。工場を買い取ったドイツの会社の動きはまだ伝わってこない。

4 油と牛肉に化ける森林

違法伐採と言えば、どうしても木材目当てと思われがちだ。すでに紹介してきたように、大木や銘木を求めて、あるいは製紙原料や木質ペレットの原料になる木材チップを得るため、世界中で違法な状態の伐採が行われ森林破壊が進んでいる。

ただ世界の森林減少の原因の多くは、木材以外の目的による。住宅や工場用地、道路の建設などのための森林伐採もあるが、大きな比重を占めるのが農畜産業である。つまり農地や放牧地にする目的で森林を切り開いているケースだ。森林消失に関わる面積は、木材目当てよりも大きいと思われる。

問題は、それらの多くは違法か適法かはっきりしないグレーゾーンであること。農地開発は国策の場合が多くて、合法的に行われるからである。それでも森林環境を破壊し、その森に依存してきた住民の生活が破壊されることに違いはない。

農作物でもっとも問題視されているのがアブラヤシだろう。主に熱帯諸国で栽培するために膨大な面積の熱帯雨林が破壊されてきた。

アブラヤシは、西アフリカ原産のギニアアブラヤシと、中南米原産のアメリカアブラヤシの二種あるが、どちらも高さ一〇～二〇メートルに育つ樹木だ。ヤシの一種だが、日本人にはソテツの木に似ていると感じられるかもしれない。

そして葉の伸びる根元に濃赤色の粒々の実を多数つけた大きな房がなる。一つの実が長さ五～六センチ程度の楕円形で、それが数百から二〇〇〇粒もついた房は、なかには三〇キロ以上の重さに達するものもあるほどだ。

その実の果肉を絞ると油が採れる。これをパーム油（ヤシ油、パームオイル）と呼ぶが、世界的に需要が膨らんでいる。なお油脂を含むのは実の果肉部分だけでない。芯にある種子からは、パーム核油が採れる。

主な生産地は、インドネシアとマレーシアの二国で、世界の生産量の八割以上を占める。一カ所で数万ヘクタールもある巨大なプランテーションが無数に開かれている。

私はボルネオの海岸部から奥地へと小型飛行機で飛んだことがある。海岸付近には建物や道路が多く見え、農園があっても主にココナッツヤシだった。奥地へと向かうと熱帯雨林に移り変わっていくが、相当奥地に入った頃に、巨大なアブラヤシのプランテーションが広がるのが見えた。それは幾何学的な直線で切り開かれた世界で、周辺のモコモコした天然林の樹冠とはまったく違う。飛行機から見ても見渡す限りかと思うほど続いている。

また小船で川を遡ってボルネオ奥地を旅したこともあった。川の水面に近い視線で見た両岸に広がるジャングルは、なかなか探検気分を感じさせるのだが、それがいきなり途切れてアブラヤシの林に迷い込んだことがある。古生代の巨大な植物を思わせるアブラヤシが延々と続く景色に、ある意味圧倒された。

このヤシから採れる油脂は、非常に広範囲の用途がある。まず食品としてパン、マーガ

5 世界中で頻発する盗伐事情

ボルネオ(マレーシアサラワク州)奥地に突如広がるアブラヤシのプランテーション

リンからチョコレート、そして揚げ物の油としても優秀だ。インスタントラーメンなども、パーム油で揚げている。この油を使用する料理店も少なくないだろう。さらに石鹸、洗剤、化粧品などの製造にも欠かせない。そしてバイオマス発電のほかバイオディーゼルとして航空機やトラックの燃料にもなる。なお油を絞った後のヤシ殻もＰＫＳと呼ぶ発電燃料として重宝される。

パーム油は、そんなに昔から注目されていたわけではない。一九七〇年の生産量は、世界中で約二〇〇万トンだった。それが二〇二一年には約七六四〇万トンにも膨れ上がっている。その背景には、人類の油脂消費量の増大がある。生活が豊かになればなるほど油脂の消費量は伸びるのだ。

世界の植物油生産量は、二〇一八年で二億一八〇〇万トン。六〇年前の約一〇倍に膨れ上がっている。この増えた油脂消費の大きな部分をアブラヤシが支えていると見られる。

パーム油が伸びる理由には、生産効率が高いこともある。ヘクタール当たりの年間生産量は、約四トン。これはダイズ油の五倍、ナタネ油の八倍近い。非常に効率よく生産できる。だから急速に生産量が伸びたのだ。

ただ難点がある。それは収穫後、すぐに精製しないと油として劣化することだ。輸送時間を短かくするため、精製工場はプランテーションの中か近接地に建設される。工場を稼働させるには大量のアブラヤシの実が必要だから、プランテーションは必然的に広くなる。一カ所で数万ヘクタールもあることは珍しくなく、世界中の栽培面積は、推計で一九〇〇万ヘクタールとされる。日本列島の約半分を占める面積だ。

その多くが熱帯雨林を破壊して開かれたプランテーションに間違いないだろう。アブラヤシの栽培にもっとも向いた気候だからだ。その開発が合法的だったかどうかはともかく、インドネシアでは、〇八年から〇九年の森林破壊の要因の四〇％を占めるというWWFのデータもある（その後は一五％未満に減少して、二一世紀に入ってからの平均は二三％程度）。

インドネシアのスマトラ島の例では、自然公園の管理事務所から遠い、奥地の天然林ほど違法焼き畑が多い。焼き畑は地元民が行うのだが、パーム油事業に連なる企業が、金を渡して森を焼かせていた。現地住民の焼き畑を名目にすると、追及しづらいからだろう。そして焼き畑の後にアブラヤシが植えられる。この手法ですでに四〇〇〇ヘクタールの森がアブラヤシのプランテーションに変えられたという。（2023年のインドネシアのAPP新聞による）

アブラヤシと並んで森林破壊を助長するのが、牧場である。

世界資源研究所の調査によると、二〇〇一年から一五年にかけて地球上で減少した森林面積のうち、ウシの放牧、つまり牧場開発によるものは四五一〇万ヘクタールとされる。

パーム油が一〇五〇万ヘクタールだから、その四・五倍以上に達する。

経済が発展している国では、国民の肉の消費量が増す。生活レベルが上がると、食生活で肉を求める人が多くなるのだろう。ブタ、ヒツジ、ニワトリなどの生産も増えるが、ウシの飼育は放牧に頼る地域が多い。日本は畜舎で飼料を与える畜産がほとんどだが、世界的には自然の草を食べさせる放牧方式が多数派だ。

南米のウシの飼育数は、ブラジルで一億五〇〇〇万頭、アルゼンチン五七〇〇万頭、ウルグアイ一〇〇〇万頭、パラグアイ八〇〇〇万頭……と人口より多い国が少なくない。それらのウシが育つ場は、以前は森林だった土地だ。

地域によって、また経営者によって飼育方法は違うものの、やはり安上がりな自然放牧が多い。熱帯雨林を切り開き、そこに生える草を当てにして主にウシを放牧するのだ。その規模は一カ所で一万ヘクタールを超える牧場が普通にある。

ブラジルでは、森林伐採跡地の七割がウシの放牧地になっているという。ただ熱帯土壌は痩せていて、草もさほど育たない。一頭のウシで五ヘクタールもの草原が必要とされるが、森林伐採後数年で、草もろくに生えないようになってしまう。ところが牧草を育てようとはせず、また別の森林を切り開くことが多い。こうして森が肉に化けるのだ。

ダイズ栽培も増えている。重要なタンパク源だが、油脂作物でもある。近年作付けが増加して、南米のセラードと呼ばれる熱帯サバンナ（雨期と乾期のある草原・疎林地帯）は、急速にダイズ畑に変わりつつある。セラードにおけるダイズ作付面積は二〇〇〇年から一七年にかけてセラード全域の一〇％近くにまで増えたが、そのために推定二八三万ヘクタールの森林が破壊されたとされる（スイスの環境系シンクタンクChain Reaction Research）。

先進国では健康面からだけでなく、環境配慮の意味も込めて動物性タンパク質の摂取を拒否するベジタリアンもしくはヴィーガンが増えている。そして代用肉の開発も進んでいるが、その材料はダイズであり、ヘルシーと強調される「植物性オイル」も原料はパーム油かダイズ油だ。程度の差はあれど、森林破壊に結びついている。

トウモロコシも問題を抱える。人間の食料としてではなく、家畜の飼料として莫大な量が消費されるほか、近年はバイオ燃料の材料としての需要が急拡大してきた。トウモロコシデンプンからエタノールを生産するのだ。脱炭素が叫ばれる中、石油系の燃料から植物性油脂燃料に転換する動きが進んでいる。それが森林破壊を助長しかねない。

さらにコーヒーやカカオ、ゴムなども森林を伐採してつくられる。このように農作物の増産には、森林破壊が伴うのが実情だ。

農地開発は、人類が長い歴史を通して行ってきた営みだから、大半は合法的に行われたのだろう。しかし近年の農地開発は、森林破壊的であり各国家の法律に背くケースも少なくない。とくに熱帯地域で行われる農地拡大には、グレーな森林開発が伴う。

そして森林を減少させることは、森林地帯に住む先住民などを圧迫しがちだ。また都市からの移民が規制を無視して森に火をかけて農地に変えようとするケースも目立つ。

焼き畑は、本来は高度な技術を要する循環農法であり、また農作物だけでなく樹木も育てるアグロフォレストリーである。しかし都市からの移民はそうした伝統的な焼き畑農法の技術を知らず、また常畑《じょうばた》にするのに必要な施肥などもしないため作物はあまり育たない。だから数年で放棄してしまう。こうして森は劣化、消失していく。

なお火入れは、必ずしも想定していた地域で収まるとは限らない。気象によってはるかに多くの面積を焼いてしまうことも多々ある。インドネシアで行われた火入れによる森林火災の煙が、東南アジア全体に立ち込めたこともあるし、アマゾンを焼く煙が大西洋を渡ってヨーロッパやアメリカに届いた報告もある。

森林火災の大規模化には気候変動の影響も指摘されるが、こうした大規模森林火災を引き起こす原因には、たいてい違法伐採が疑われる。

6 違法木材対策の世界の動向

1 成立相次ぐ違法木材禁止法

日本だけでなく世界中で盗伐は増えている。ただ国際社会は、まったく無策というわけではない。なんとか抑制しようと手を打っている。

本章では、違法伐採を取り締まる制度や流通を制御しようとする動きについて紹介したい。それによって日本の盗伐（違法伐採）対策の立ち位置も見えてくるだろう。

まず、各国が違法木材の流通阻止のための規則・法律を設けている。違法に伐採された木材、森林破壊を伴う商品の流通を制止することで、結果的に違法伐採を減らそうという考え方だ。

その先駆けとなったのが、アメリカの改正レイシー法である。

レイシー法は、もともとアメリカで野生生物の取引を取り締まる法律（対象は動物と海洋生物とその製品）として制定されていた。それを二〇〇八年に改正して植物およびその製品を加えることで、違法木材の規制にも適用されるようになった。アメリカ国内外の植物保護に関する法令に違反している品を、州間または外国との輸出入のために搬送、受領、そして購入することを違法としている。

具体的には、従来の輸入申告に加えて植物およびその製品には、輸入品に含まれる構成要素の説明、輸入品に含まれる植物の学名、輸送手段、その植物の採取国（産地）などの項目が必要となった。その内容を業者は記録するとともに、ラベルに表示することが義務づけられた。

そのほか合法性の検証や調達方針を供給者に書類として提出させる、専門家のチェックを受けるとともに現地調査などを行い、供給者にレイシー法遵守を確認させる……。そうした取り組みの記録をすべて保管する義務もある。その結果、合法性が確認できなかった場合は購入を控えなくてはならない。

改正して四年後には、高リスク国からの輸入価格は四割上昇し、輸入量は八割減になった。効果はあったと言えるだろう。

実際にレイシー法違反で摘発された例として有名なのが、ギターメーカーのギブソン社である。日本でも高級ギターメーカーとして知られていた。

しかし、ギターに使われる木材の一部にアフリカのマダガスカル産エボニー（黒檀）があり、二〇一一年に告発されたのだ。黒檀は、資源枯渇で伐採禁止になっている。違反が認定されたため、罰金六五万ドルと、さらにこの木材を使用したギターはすべて没収された。その後、ギブソン社は倒産したが、現在は再建が図られている。

一三年には、ロシア材の輸入で一枚の許可証を繰り返し利用していた輸入会社も摘発された。合法的な伐採割当量の八倍以上多く輸入していたそうである。

ほかにもロシアのモンゴリナラをインドネシアのマホガニーであると樹種名をごまかして申告した例もある。そのほか、摘発されたものでも、木材商社だけでなくエッセンシャルオイルの製造会社など多岐にわたっている。

この法律が重視しているのは、デューデリジェンスだ。難しい言葉に聞こえるが、売買・輸出入を行う企業が自ら、生産地から流通過程における合法性などまでを確認することだ。そして違法行為や違法な品の混入がないことを第三者に示す義務がある。

取引相手の出す書類だけで確認するのではなく、自ら調べて確認することが迫られる。明確な違法でなく　合法と確認できないグレー木材を扱っても処罰対象だ。

アメリカには、改正レイシー法以外に熱帯林保護法および絶滅危惧種法などもある。アメリカの違法木材対策は二重、三重になっている。それでも、国内で盗伐が頻発していることは、先に紹介した通りだが……。

ヨーロッパ（EUおよび周辺国）でも、改正レイシー法と似た違法木材対策が行われた。EU木材規則（EUTR）が制定されたのは、二〇一〇年（執行は一三年から）だ。

こちらは、森林破壊・違法伐採に関する法整備と取り締まり、汚職摘発、ガバナンスを民間業者の貿易に対して義務づけた。違法伐採による木材をEU市場に持ち込まないことが大原則で、産地からの流通経路をすべて把握することも必要とされた。そして木材製品を出荷する業者に対してデューデリジェンスを実施することも要求する。

その項目を並べてみると、

1. 製品の商標・種類、樹種の一般名または学名
2. 伐採国、木材の伐採された国内の地域、森林の伐採権、数量（体積、重量または単位数）の報告
3. 事業者に納品した業者の名称・住所
4. 木材（製品）が納入された先の取引業者の名称・住所
5. 適用法遵守を示す文書その他の情報

といった具合だ。これだけでも結構厳しいのだが、この規則は、その後大きく変わる。その内容は次節に記す。

オーストラリアも、一二年に違法伐採禁止法を制定した（二〇一四年から施行）。伐採が行われた生産国の法令に反して伐採された木材は流通禁止である。違反の内容により、懲役五年未満、罰金四二・五万オーストラリアドル以下（日本円で四億円以下）となかなか厳しい。

韓国は、一八年に「木材の持続可能な利用に関する法律」を施行した。こちらも検査の結果、合法性が確認できない木材または木材製品は、販売の差し止め、返還または破棄を命ずることができる。

いずれも違法木材を流通させることを禁止する強力な法律だ。ほかにも同様の法制度は各国で生まれている。世界は、違法伐採された木材の流通に非常に神経を尖らせていることがわかる。

2 EUの森林破壊防止規則

EUTR（EU木材規則）が執行されて一〇年後の二〇二三年、EUはこの規則を新たにEUDRと呼ぶ規則にアップデイトした。こちらは、EU森林破壊防止法とか森林減少フリー製品に関する規則、森林デューデリジェンス規則などさまざまな訳語がある。ここではEU森林破壊防止規則という訳語を使っておく。

このEUDRは、画期的な内容だ。個人の感想としては、これまでの違法伐採禁止関連の規則・法律から格段に進歩して新たな次元に入ったかのような印象を持った。どこが画期的かと言えば、扱うのが違法木材だけではない点だ。仮に生産国の法律に適合していても、結果的に森林破壊して製造されたものはEUには入れないという強力な理念を掲げている。

ＥＵＴＲの制定後に問題になったのは、輸入する商品が輸出元の国の法律には適合しているから合法であるものの、実質的に森林破壊、森林劣化を進めているケースだ。違法伐採ではないが、森林を破壊・劣化させて、何らかの製品を生み出している場合、それをＥＵは輸入してもよいのか、という課題に取り組んだのである。

その答えとして考え出されたのが、ＥＵＤＲなのだ。

まず合法性および持続可能性に関する要求事項を満たさない製品のＥＵ市場への持ち込みや、ＥＵからほかの国への輸出を禁止するとした。そして取引を行う事業体には、調達する製品が合法であるだけでなく、（二〇年一二月三一日以降に）森林を破壊または劣化させた土地とは関わっていないことを保証するデューデリジェンスを課した。

ＥＵの製品調達先は世界各国に広がっているから、ＥＵは世界中の森林に目を光らせることになる。

また製品の範疇も広い。たとえば木材は、丸太だけが対象ではない。木材加工品として、製材や集成材、合板、パーティクルボードやファイバーボードなどの建材、家具や建具など。ここまでは私も想像できたが、もっと範囲は広がった。木屑からつくられる燃料用の木質ペレットやパルプ、木炭、木粉まで含む。さらに木製の額縁や鏡枠、台所用品。そして重要なのは、紙ならびに紙製品、つまり書籍や新聞、雑誌もリストにあった。

驚くべきは、商品の対象は木材関係だけでないことである。パーム油、天然ゴム、コーヒー、カカオ、ダイズ、そして牛肉などの食品関係とその加工品まで含めている。それらの加工品としては、皮革、チョコレート、コーヒー、植物油、一部のパームオイルの派生製品（アイスクリームや化粧品など）と多くの商品に適用される。

前章で森林破壊は木材を収奪するための伐採だけではなく、農畜産物の生産が大きく関わっていると説明したが、それらをみんな対象としたのだ。

また「生産国の労働、環境、及び人権にかかる国内法及び国際法に準拠していない」ことも排除対象に掲げている。

事例を見ると、人身売買や奴隷労働に関わっていないことから始まり、同一労働同一賃金、昇給機会が平等でないこと、休暇が不当に少ないこと、児童労働や労働現場の環境も対象にしている。基本的人権の保護の観点からは、プライバシー権や思想の自由の侵害、（女性、障がい者の）差別という項目まであった。食品には「栄養表示」の義務化もある。これらは国連のSDGs全般に関わる項目なのだろう。またチョコレートなど嗜好品の原材料市場は、価格変動が大きく、現地農民の暮らしも不安定になりがちだ。

だから該当の商品は、トレーサビリティを求められる。商品が生産されたすべての土地をプロットで表示した地理的表示の座標と生産の日付を報告しなければならない。そして取引する会社は、原産地から加工までの流通過程をデューデリジェンス、つまり確認しなければならない。

この規則が、いかに画期的であるか想像がつくだろう。同時に輸出元各国から大きな反発を呼びそうなことも想像できる。合法であっても森林破壊してはダメだという方針は、他国の森林関連の政策に物言いをつけるようなものだからである。

それらの確認は、森林認証制度（後述）など第三者認証では代用できない。森林認証制度は森林経営の環境負荷を調べ、トレーサビリティを示すのだが、それに任せっぱなしにするのではなく、自らが原産地から確認することを求めている。

デューデリジェンス義務に違反した事業者に対しては、加盟国が罰則を科す。規定では、罰金の最高額は当該事業者のEU内の年間売上高の少なくとも四％の水準で設定され、該当品の没収、公共事業関連の調達や公的資金（補助金、融資など）の利用除外などを含むというから、かなり厳しい。

これは扱う企業に対する罰則だけでなく、生産地に対してもEU巨大市場の購買力を利用して圧力をかけているということだ。EU圏の人口は約四億四六〇〇万人で、高所得者層も厚いから、その購買力は世界経済を動かす。だからそこが「輸入しない」と言えば、経済的に大打撃を受ける国も出てくるだろう。

とくにパーム油の大生産国であるインドネシアやマレーシアは猛反発している。コーヒーやカカオの生産国も同じだ。いきなり禁止にするのではなく、何段階かの経過措置はあるようだが、取引を止められるとそれらの国の経済を破壊しかねない。

ただ気になるのは、細かな項目をデューデリジェンスすると言っても、本当にできるのか、という疑問だ。さらに誤り、偽造などを見破れるのかという点はいまだ未知数だ。細則は、今後決めていくようだが、公的機関を設けてチェックするのではなく、情報公開することで世間が評価するのだろう。環境NGOなどが目を光らせるのではなかろうか。

これまでは違法木材の禁止、そしてグレー木材をいかに取り締まるかという点に力点があったのだが、EUDRは一足飛びに合法・非合法を超えた強いメッセージを発している。破壊行為だけでなく、持続性のない森林管理も対象にしたから、たとえば人工林でも再造林をしなければ、ひっかかるだろう。

森林は脱炭素にも生物多様性にも深く関わる。だから地球環境を守るためには森林保全が絶対に必要である。そうしたEUの本気度が伝わってくる。

3 抜け道を用意したクリーンウッド法

欧米等の違法木材関連の規則を紹介した後に日本のケースを取り上げるのは、正直、気が重い。なぜなら、あまりにしょぼいから。

まず日本の法律・規則ができるまでの流れを整理しておく。一九九八年に開かれたイギリスのバーミンガム・サミットで「森林行動プログラム」が合意された。それから七年後のグレンイーグルズ・サミット（イギリス）では、日本が違法木材の問題を取り上げて、サミット後に公共事業に使う木材に合法証明を求めるグリーン購入法（国等による環境物品等の調達の推進等に関する法律）を施行した。対象は合板や集成材、そして紙にまで至る。国が合法証明を求めたら自治体も追随するから、今ではほとんどの公共事業に使われる木材は、合法証明がなければ購入されないことになっている。

この時点では、日本は他国より先んじていたのである。ところが欧米が、その後次々と厳しい違法木材の流通規則を設けていく中、日本は何も動かなかった。

ようやく制定したのは、二〇一八年につくったクリーンウッド法である。

オリンピック・パラリンピックで使われる木材や紙などは、すべて森林認証を受けたものにするというのが、二〇一二年のロンドン大会からのレガシーとなっている。ところが東京大会の施設建設で国産材を使おうとしても、ほとんど認証材がない。外国の認証材に頼るのをよしとせず、制定されたのがクリーンウッド法だった。

だが、その内容を確認するとお粗末すぎる。

まず違法木材禁止ではない。法律の趣旨は「合法木材推進」であり、違法木材の流通や使用を禁止していない。その点に関して林野庁の言い分は、「何が〝違法〟か国際的に統一された定義が存在しないので、それを規制する法律はつくれない」という見解だった。違法木材の規制や罰則を設けようとしたら、違法であるという証明が必要になるが、現実的でないという。つまり明確に違法木材禁止を打ち出し、罰則もある欧米などの法律は現実的でなく法の秩序を壊していると考えているらしい。

そして合法木材を使うのは努力義務であり、罰則もない。もちろんグレー木材も何ら規制しない。

これだけでもかなりのザル法なのだが、実はもっとビックリの仕掛けがある。合法木材を扱う業者は登録制なのだ。登録は任意であり、登録しなくてもビジネス上は何の問題もない。いや登録しない方が商売をやりやすいだろう。

だから林野庁は、各地でクリーンウッド法セミナーと称する登録業者を増やすための説明会を開いたが、そこでは「登録すると消費者にそのことをアピールできます」と力説している。法律の目的は、宣伝文句に使わせることなのか。

もう少し法律の内容を説明しよう。まず登録には二種類ある。木材の輸入や伐採、製材などを扱う第一種木材関連事業を行う業者と、木材を購入して使う第二種木材関連事業を行う業者である。第一種業者は扱う木材すべてを登録するが、第二種業者は木材の種類を限定してもいい。第二種は集成材やプレカット工場、製紙、バイオマス発電、そして建築関係など木材加工やその利用業者だが、いずれも登録すると「クリーンウッド法に基づく業者」であると表示できる。

第一種業者は、扱う木材の樹種、伐採された国または地域などの情報を収集・確認するが、それらの情報を木材販売の際に明示しない。だから第二種業者は、樹種や産地などについて把握できない（する必要もない）。第二種業者は合法性の確認をしなくてもかまわない。

また合法性確認の対象は、自ら調達する木材に限られる。たとえば元請事業者は、下請事業者が調達した木材の合法性を確認する必要はない。理解できるだろうか。合法性の確認は、業者が「合法」と言えば信じる、と言っているも同然だ。デューデリジェンスはなきに等しい。

見事なまでのザル法だが、より問題なのは、第二種業者は一部の使用木材に限って登録すればよいという点だ。つまり合法と確認できない木材も扱える。違法な木材を扱ったとわかっても、登録は取り消しにならない。一方で世間には「クリーンウッド法を守って合法木材を扱う業者です」と説明できる。消費者に販売するときに、その木材が合法的に扱われたものかどうかを示す義務はないのである。

たとえば住宅メーカーが柱材だけをクリーンウッド法の対象として登録して「合法木材による家づくり」と宣伝することができる。しかし柱以外の木材は出所のわからないグレー木材、もしかしたら明らかな違法木材でも使えるわけだ。それでも施主の多くは「我が家は(全部)合法木材で建てられた」と信じるだろう。

つまりクリーンウッド法を上手く使えば、違法木材使用の隠れ蓑にできるのだ。

これは単なる法律の不備とは言えない。なぜなら林野庁が開くクリーンウッド法への登録を推進するセミナーで、公然と抜け道を教えているのだから。

セミナーで配布されている「建築・建設事業者の方へ　クリーンウッド法に基づく事業

者登録のすすめ」というパンフレットには「合法性が確認できない場合でも、追加の措置は求められません」「木材等の樹種、伐採された国や地域を把握する必要はありません」と赤字で強調されている。つまり林野庁は業者に対して「登録しても合法木材にこだわる必要はない」と教えていることになる。

登録したというゼネコンの関係者は、「おつきあいです」と鼻で笑う。何の意味があるのか、と当事者でも感じているのだ。また先に紹介した盗伐事例にも、クリーンウッド法の第一種、第二種の両方に登録している業者が登場する。抑止力になっていないのだ。

施行五年後の二〇二三年に、クリーンウッド法は改正された。関係者のロビー活動もあって問題点を多少いじることになったようだが、大きな変更は、第一種業者の合法確認を義務化した（第二種業者はそのまま）ことだろう。義務化によって罰則を科すことも可能になったが、細則は二五年度までに検討とのことだから、当面は今のままである。そのほか条文をチェックすると、まだいくつも抜け道が用意されているように感じる。

それ以上に私が気になったのは、クリーンウッド法の想定する対象は、基本的に輸入材だけに見える点だ。明確には記されていないが、国産材のチェック体制が見えてこない。クリーンウッド法の問題点を指摘する人からさえ、違法性のある外材を使わないためには、「国産材だったら、合法だから安全だ」という言葉がよく出る。この法律を、国産材需要を増やすツール扱いしているのだ。

日本は、今や国際的に見ても違法木材締め出しに後ろ向きの国だと言えるだろう。

4 NGOが生み出した森林認証制度

違法木材対策に各国が法的な枠組で取り組む前から、民間には動きがあった。といっても業界団体ではなく、NGO（非政府組織）である。多くの国際的な環境団体が、市民の意識と購買力によって森林環境を破壊している違法木材を締め出そうと努力してきた。

そして生み出されたのが、森林認証制度である。

森林認証とは、第三者機関が（森林の経営が）環境に配慮しているかどうかを審査し、基準に適合していたらその森林を認証し、そこから生産される木材などの産物を認証する制度である。

そして認証された森林から収穫された産物（主に木材）も、その流通過程でほかの材が混じらないようストックヤードなどを区別する業者（Chain of Custody、略してＣｏＣと呼ぶ認証を取得する必要がある）が扱うことで、きちんとエンドユーザーまで届く。その木材には、森林認証のロゴマークがつけられ、ほかの木材と差別化ができるので、消費者は、それを見て購買判断の参考にする。

世界初の森林認証制度が誕生したのは、一九九三年。森林管理協議会（ＦＳＣ）が設立され、ここが設けた基準に基づいた審査（審査組織は別に設立・登録する）を受けて、それをクリアしたら森林が認証される制度を生み出した。認証された森林の生産物には、いずれもＦＳＣマークがつけられる。それを非認証物と混じらないよう流通させる仕組みだ。

当初は熱帯地域の木材と林業を主眼としていたから、先住民の権利なども重視した。この認証の期限は五年間。つまり五年ごとに審査を受け直さなければ認証は維持できない。加えて毎年更新手続きが必要だ。

このＦＳＣに対抗して生まれたのが、ＰＥＦＣ。当初はヨーロッパ諸国の国別の森林認証制度を相互認証する「汎ヨーロッパ森林認証プログラム」だったが、アメリカやカナダなど範囲を広げることで「森林認証の承認プログラム」となった。各国がそれぞれの基準で認証した森林を、相互に承認し合うもので、そのための基準もある。

各国の認証制度の内容には審査の違いや厳しさの差もあるが、基本的に合法性を確認するためトレーサビリティを必要とする。つまり、産地からエンドユーザーに届くまでの流通過程を見える化しないといけない。

日本でも業界団体が、認証基準の厳しいFSCを嫌って、独自の森林認証として「緑の循環認証会議」（SGEC）の森林認証制度をつくった。しかし、これは業界団体がつくったものだから第三者認証ではなかった。しかも当初の審査基準は、あまりに緩かった。たとえば基準に達していない項目があっても改善を約束すればOKだったのだ。改善を行った後ではなく、確認しないで合格させてしまう。私は審査項目を読んで、仰天してしまった。

その後SGECがPEFCに加入しようとしたら、さすがに通らなくて大幅な改定を迫られる。今はPEFC基準になったと言えるだろう。ただしPEFC自体が、FSCに比べてかなり緩いことは知られている。

欧米では、今や認証材を使うのが当たり前となっており、認証のない木材は取引対象にならないほどだ。だから森林認証は木材貿易のパスポートとまで言われている。木材製品を輸出入するのに認証が重要という意識が強まっているのだ。

ところが日本は、認証に対する意識が低い。いまだに認証を取ろうとする森林経営者は少なく、エンドユーザーの手に届くまでを扱う流通や加工、販売業者などもCoC認証を取ってくれない。認証材の購入者はさらに輪をかけて少ない。だから一度は認証を取得したのに、全然使われない（売れない）から返上してしまった林業関係者もいる。

この制度は、法律のように違反を取り締まるのではなくて、認証を受けた木材を意識の高い消費者が購入する（認証のない木材は売れない）ことで成り立つ。認証材は認証取得費用がかかるため価格を高めに設定したいが、日本では少しでも高くなると売れなくなる。同じ価格設定では認証を取得した業者にメリットがないため、認証を取りたがらない。言い換えると、日本は、業者だけでなく消費者も、環境に対する関心が低い現状が浮かび上がる。盗伐材であろうが、安ければかまわないとするのと同根だろう。しかし認証とは、今や倫理的なものになっている。海外では取得するのが当たり前の意識なのだが、日本ではそんなに意識が高くないのである。

少し脱線するが、以前政府は、JAS（日本農林規格）に産地表示を義務づけることを検討していた。ところが全国木材組合連合会が猛反対した。「産地を表示しなかったり誤った産地を記していたりした場合は、法律違反になる」ことを嫌がったのだ。

言い換えると、国産材の多くは産地がデタラメであることを白状したも同然だ。産地偽装がばれるのを恐れて反対したと言ってもよいだろう。

なお、環境をテーマにした認証制度は、木材以外の産物にもある。

パーム油の場合は、環境に即した栽培方法を取っているか審査するRSPO（持続可能なパーム油のための円卓会議）認証がある。コーヒーやカカオなどもレインフォレスト・アライアンス認証などさまざまな認証制度がつくられている。それらがどこまで森林保全に役立つか疑問もあるが、取引上、重視されつつある。

だが、日本ではいずれの認証産物も、とくに多く売れることはない。販売者が認証について ユーザーに説明しないこともあるが、とにかく価格だけが売買の基準となっているからだろう。だから認証産物は、主に欧米向けとなり日本への輸出は少ない。

日本の油脂メーカーも、RSPOのパーム油調達に熱心だが、それは日本で販売するためでなく、欧米に輸出するためなのである。

肝心の森林認証制度も、違法木材や盗伐問題に十分な効力があるのか疑問もある。審査基準の差も問題となっている。たとえばルーマニアの木材には先述したような盗伐疑惑が根強いが、FSC認証は外されたもののPEFC認証はまだ残る。カナダやベトナムの木質ペレットも、天然林を伐採しているのは自明なのに森林認証をしっかりつけている。

だから認証制度が、違法木材を確実に追放できるとは言えない。また認証材を示す書類の偽造や流通過程で非認証材を混入させる事例も指摘されている。

それでも認証がないよりは、あった方が格段によい。日本のように、こだわるのは過剰な品質と価格ばかりで、環境に対する意識が低いのは、世界の動きに逆行しているだろう。

5 監視する国際環境NGOの実力

違法木材の流通を監視する組織として環境NGOがある。

NGOもしくはNPOと聞くと、日本ではひ弱な民間組織のイメージになってしまうが、国際的には強大なパワーを持つ団体も少なくない。世界的な環境問題の実相を調査し、告発、提言、制度の見直しなどを求めて、行政や政治家にロビー活動している。森林認証制度もその活動から生まれたものであり、EUTRがEUDRへと革命的な変化を遂げたのも、多分に環境NGOの力がある。

森林問題に関しては、グリーンピースやレインフォレスト・アクション・ネットワーク、グローバル・ウィットネス、ブルーノ・マンサー基金といった組織が、環境問題としての視点だけでなく森に住む先住民の権利などを掲げて声を上げている。各国に違法木材禁止関連の法律が次々と成立したのも、こうした団体の根気強い活動のおかげだろう。

ただ日本に影響力の強い組織は少なく、盗伐に目を向ける団体はほとんどない。日本の木材は、すべて合法であるという主張が国際的にも通じている(林野庁の宣伝の成果だろうか)。だが、それが怪しいことはこれまで記してきた通りだ。

国産材は、直接的な盗伐材のほか、伐採届に記載している再造林の計画を無視して跡地を放棄していることや、産地偽装など違法もしくはグレーな木材が多い。その実態は次の章で紹介するが、森林認証もあまり取得せず、明確なトレーサビリティを公表している木材はほとんどない。

日本にあるNGOで、盗伐・違法木材問題を扱うのは、FoE Japanだろう。世界七三カ国に二〇〇万人のサポーターのいる国際環境NGOであるFoE(Frends of the Earth International)の日本におけるメンバーとして、一九八〇年から活動をしている。代表はランダル・ヘルテン氏。

扱うのは気候変動や環境・人権問題、脱原発・脱石炭など幅広いが、その中に森林破壊も含まれる。森林問題としては、熱帯地域の木材を取り上げることが多いように思う。だから輸入される違法木材を問題視するのが主で、国産材はあまり対象としてこなかった。

実はクリーンウッド法の成立まで根気強くロビー活動をしていた団体でもある。ただ成立した際は、抜け穴だらけの内容に敗北感が漂っていた。五年後の改正では若干の前進を見せたが、「世界の趨勢と比べて三周遅れぐらいですね」と担当した三柴淳一氏は感想を述べる。基本的に政治家や官僚がやる気を見せないそうだ。

そこに宮崎県盗伐被害者の会との接触があり、初めて日本国内の森林の違法行為に目を向けることになった。そして二〇一九年、宮崎県の盗伐現場を訪ね、被害者に話を聞いた。

「それまで、日本に盗伐があるとは思っていませんでした。日本はリスクの少ない国だと私も思っていたのです」（三柴さん）

日本の盗伐問題に気づいたことで、被害者の声を聞き取って記録として残す活動を行っている。それはホームページにアップされている。この事例報告は今も更新中で、数を徐々に増やしている。違法木材を扱う可能性のある企業にも注意喚起している。ほか政界や官界、経済界などに訴えているが、反応は鈍いそうだ。

「世界の環境ＮＧＯの活動は、違法木材だけではなく、森林そのものの減少、劣化を防ぐことに力点を移しつつあります。各国の法律に合致していても、森林を減少させている経済活動はノー、という発想が強まってきています」（三柴さん）

まさにEUDRの考え方でもある。FoEは、その成立にも強く動いたと聞く。重要なのは、何よりもトレーサビリティであり、産地からエンドユーザーまで、流通をすべて見える化すべきという立場を取る。そして、それを裏づけるデューデリジェンスこそが重要だとしている。

プリファード・バイ・ネイチャー（Preferred by Nature）というNGOもある。こちらはロビー活動だけでなく、自然環境に関わるプロジェクトのコンサルティングを行うほか、ビジネスのサポート、たとえば森林認証制度などの審査なども展開している。またイギリスの企業と合同で木材の流通を監視する「ティンバー・チェーン」を開発した。これは木材のサプライチェーンに関するすべてのデータを記録して、森林管理者から木材加工会社、木材輸出業者、材木店まで、あらゆるステークホルダーにデータを共有する野心的なシステムだ。そうしたツールによって違法木材を扱えなくしようとしている。

日本にも森林保全をテーマにする環境団体はあるが、大半は海外に目を向けがちで、日本の森、それも林業の主体となる人工林に注目しなかった。人工林に対しては、むしろ間伐遅れなどを指摘して伐採を推進する主張が多い。

日本の木材は、これまでリスクレベルが「低い」とされ、詳しい審査がされてこなかった。しかし、もし宮崎県の事例などを基に違法リスクが「高い」と設定されれば、輸出する場合のハードルは上がるだろう。

日本の林業振興策の一つとして木材輸出への期待が高まっており、宮崎県産材も中国向けを中心に輸出量を急速に増やしている。韓国、台湾、フィリピンなどにも日本の木材、木材製品の輸出は増大傾向にある。しかし国際的な環境ＮＧＯが、日本の木材にイエローカード、あるいはレッドカードを突きつけたら、輸出の勢いを失うだろう。環境ＮＧＯの影響力は決して小さくないのである。

そうした将来の貿易リスクに対する日本政府の感度は、絶望的に低い。

7

絶望の盗伐対策

1 遵法精神欠如と事なかれ主義

誤解を恐れず言えば、私は林業界や木材業者を〝遵法精神の緩い業界〟だと思っている。盗伐だけでなく山の現場から製材、流通、加工まで違法・脱法行為が蔓延している。

世の中の決まりごとや常識への対応を曖昧に済ませてきた業界のように感じるのだ。本章では、林業を取り巻く問題と、それらがもたらす影響について触れたい。その行き着く末路が盗伐なのだから。同時に、そうなった理由についても考察したい。

まず指摘したいのは、その曖昧さ、違法・脱法行為が、ときに危険を招き寄せ、犯罪にもつながりかねないケースが少なくないことだ。

具体例をあげよう。林業現場でヘルメットをかぶるのは必須というより義務だが、必ずしも全員がかぶっているとは言えない。最近はチェンソーを使うときにさまざまな防護装置（防護ズボンやゴーグルなど）を身につけることが義務化されたが、これまた全員が守っているようには見えない。安全管理には、道具だけでなく、さまざまな決まりごとがあるのだが、遵守姿勢が極めて緩いのだ。

また事故は個人責任という意識も根強い。経営者も管理責任をあまり感じないようだ。それが労災保険の適用を見送らせる動きとなる。労災を申請するのはかっこ悪いという意識さえ存在する。言葉をかえれば、労災なんかに頼る奴は男じゃない、といったマッチョな発想だろうか。林業職に就いた移住者が仕事中に事故を起こして怪我をしたから、当たり前のように労災を申請しようとしたら、（事務所に）無視された話もある。

実利的な面では、労災を適用されると、その後事業体の払う労災保険料が上がる上、公共事業の入札などから指名停止処分になりかねない。重大事故の場合は、会社や事業主、現場責任者などが刑事罰となる可能性もある。また休業四日以上になると重大事故扱い（「労働者死傷病報告」の提出が必要）になるので、「入院しても三日で退院させる」とも聞いた。

林業は、日本でもっとも事故率の高い職業で、全産業平均の一〇～一五倍に達するが、それは届け出のある事故だけで計算した数字だ。労災隠しが行われていることを考えれば、実態はもっと多いのだろう。

木材の産地表示がいい加減であることもすでに触れた。高値のつきそうな産地名につけ替えるのだ。吉野杉、秋田杉、尾鷲檜《おわせひのき》、木曽檜……といったように。たとえば吉野の木材市場には、全国の林業地から木材が運ばれてくる。吉野の市場を通せば吉野材ということだろうか。そんな産地偽装が蔓延しているのだ。

外材の場合は、地域どころか産出国も変えるケースもある。樹種もいい加減だ。見た目が似た材を混入させることが多い。国産材はスギとヒノキが大半だから、さすがに見分けのつく人も多いが　外材となると難しく、かなりいい加減になる。ごまかすというより、慣習的に業者が都合よく行う。

そもそも木材業者は、樹種にこだわりは少なく見た目の似た材を一緒くたにする慣習がある。ホームセンターなどのツーバイフォー（二インチ×四インチ）と呼ばれる製材には、よくSPF材と記されているだろう。これはスプルース（トウヒ類）、パイン（マツ類）、ファー（モミ類）の三つの樹種群の木材を混ぜたものだ。ちなみにスプルースには五〇種ぐらいの樹種を含む。それらを一緒くたに扱う。ほかにもホワイトオークと呼ぶ材には二〇種くらい混ざっている。

米《べい》マツ、米《べい》ツガなどと呼ぶのも、アメリカ産のマツかツガに似た材という意味であって、日本のマツやツガと同種ではない。ときに科や属が違う樹木もある。使用の際に同じような見た目と性能があればよいと考えるのだ。

しかし、実際には樹種が変われば強度や耐久性も違う。

たとえば米ツガ（ツガ属）は、耐久性の強い材として、よく土台など湿気の多い場所に使われるが、その中にモミ属の木材がかなりの頻度で混ざっていたという研究報告があった。モミ属は腐朽しやすくシロアリなどにも弱い。また防腐剤の注入性もモミ属はツガ属に比べて大きく劣る。そんな木を土台に使えば、耐久性に不安が出るだろう。

名前や樹種だけではない。熱帯のチーク材は濃茶色の木肌が人気で内装材や家具用のニーズが高い。しかし、すべての木が同じ濃茶色ではない。天然木だけに、色合いの違う材も混ざる。そこで色が薄ければ着色するのは日常茶飯だ。着色後の表面に樹脂系の塗料を塗ってしまえば、誰も見抜けない。逆に白い木肌にするため、漂白する話もある。

さらに製材の寸法もいい加減だ。とくに戦後の木材不足時代は、ひどかった。たとえば三寸五分（一〇・六センチ）角の角材と言いつつ、計測すると三寸三分、三寸二分（約九・七〜一〇センチ）しかないことはざらにあった。そうした材を「歩切《ぶぎ》れ」と呼ぶが、イヤなら買うな、と強気の商売をしていた。当時は売り手市場だったからである。

さすがに買い手市場と化した近年は、そんな無茶はできず、また自動製材機を入れることで機械が正確な寸法で挽くが、まだ完全になくなったわけではない。高級材は表面を美しく見せるために、節や傷を削って歩切れを引き起こすこともあるそうだ。

そして角材なり板なりを売買するときは、何十本何十枚といった単位で束にすることが多いが、その内側に何枚か品質の劣る不良材を混ぜるのは日常的だ。これを俗に「あんこ」という。「詰め物」などの意味で木材業界、建築業界で使われるが、この場合は悪意のある「詰め物」だ。買い手も結束したバンドを外して中身をチェックできないから、上手く「あんこ」を詰めるのは、職人技なのだそうだ。そして販売後は苦情があっても受けつけない。「木材は天然品だから品質はバラつきがあって当たり前」という態度だ。

商品を選別し品質を揃えるのが流通の仕事ではないのか。しかし材木店の人に聞くと、「今も普通に木材取引あるある話」と言われてしまった。

私がパプアニューギニアの木材商社の現地事務所にお世話になっていたとき、日本からの電話で、輸入した丸太に使い物にならないものが混ざっていたと抗議が入ったのを横で聞いていたことがある。一本や二本ではない、半分以上が使い物にならないじゃないか、と怒鳴っている。それに対して現地の担当者は、ちゃんと検査して、そちらが納得したものを送っている、それを購入したのに文句を言うな、と言い返していた。国産材だけでなく外材でも、そんな調子の時代があったのだ。おそらく材質だけでなく、合法性の問題もあるだろう。

こうした状況の中では、国が義務化した「合法証明」の添付など、ほとんど意味を成さない。合法である木材だと証明する書類が偽造の可能性もあるのだから。

もう一つ重大な問題と私が捉えているのは、伐採届の内容だ。伐採届には伐採跡地の造林計画も記すことになっている。しかし、それが守られていないことは国も自治体も知っている。伐採後は三年以内に何の木の苗を何本植えます、と伐採届には書いてあっても植えずに放置するのだ。役所も現地確認をしないからわからない。何年も経ってから、あの伐採跡地、いまだに草しか生えていないぞ、と気づく。しかし、シカに食べられてしまったのだと言われたらそれまでだ。

林野庁は、皆伐後に再造林が行われているのは三〜四割だろうとしている。私は、もっと低くて再造林がきちんと行われているのは三割以下と感じているが、いずれにしても七割前後の皆伐地から出される木材は、届出違反である。

伐採届を受け取る市町村の窓口も、あくまで書類上の不備の有無をチェックするだけだ。現地に足を運んで伐採の状況や造林の実施を確認しようとしない。抜け道として天然更新、つまり伐採跡地に自然に木が生えるのに任せる手法を選ぶ業者もいる。だが、日本で天然更新の成功率は極めて低い。行政は五年以内に目標とした木が育っているかどうかを検査して、育っていなかった場合は改めて植林を指導することになっている。だが、検査する行政はまずなく、そのまま放置が続いてしまう。

さらに間伐の際も、間伐率が申請書類通りか怪しい。利用間伐は、伐った材を出荷することで収入を得る予定だが、それでは利益が少ない・赤字になると思えばより多く伐ることもある。間伐率三〇％のはずが実質五〇％、つまり半分を伐ってしまうケースを聞いたことがあった。

逆に伐り捨て間伐も伐りすぎ・伐らなすぎのケースがある。直径三〇センチ以上に育った立派なスギやヒノキを、伐り捨て間伐の補助金を得るために伐り捨てることもよくある話だ。補助金で儲けるつもりだから、木材の有効利用など考えない。

もし、届出を守らぬ行為も違法と位置づければ、日本の林業地の約七割は違法だということになるだろう。

ちゃんと再造林しているケースでも、よく見れば道に近いところは密に植えているが、遠くになると疎になるという笑い話を聞く。植林する作業員としては、チェックが入るかもしれない道沿いは決められた本数を植えるが、遠いほど手抜きになるわけだ。

また植え方も、指定された通り、穴を掘って苗の根を広げるように置いてから土をかぶせて埋める……といったていねいな植え方を全部するとは思えない。とにかく本数を稼ぐことが仕事だからだ。しかし活着度は、そうした手間で変わってくる。また植林はしたも

の の、シカやカモシカ、ウサギなどに食われてまったく育っていない土地も少なくない。補植が必要だが、とても手が回らないのが現実だろう。

さらに言えば、幽霊作業員の存在も聞いた。現場で何人が何日働いて作業をしたか、という申告に、水増しすることも珍しくないのだ。これも補助金の関係である。

林業に新規就業してもらう「緑の雇用」と呼ばれる制度がある。林業への新規雇用の研修期間に対して補助金が出る制度で、森林組合などが見習いを雇用することで補助金を受け取るのだ。ところが、その人数や作業量を水増しすることで多く補助金を受け取ろうとする。もし検査が入ったら、身の回りの人を「緑の雇用」にでっち上げる（実は、その打ち合わせを電話で話している横に私はいたのである）。

また違法行為ではないが、「緑の雇用」の人には高度な技術を教えないという話もあった。簡単な草刈りや伐り捨て間伐だけに従事させて、利用する木の伐採や搬出に必要な技術は教えないのだ。そして研修期間が終わると、雇い止めにする。補助金がもう出なくなるからだ。

緑の雇用で就業する人は、その地に縁のない移住者を想定しているが、解雇されたら仕事を失うだけでなく、借りた住まいからも出なくてはならなくなり、その土地で生活する基盤を失う。

そのほかバイオマス発電事業もえげつない話がいっぱいだ。ＦＩＴ買取価格の不正は常に疑われている。燃料は未利用材と言いつつ、産業廃棄物扱いの廃材を使うのだ。両者は買取価格が全然違う。最低ランクの廃材を最高ランクの未利用材扱いにすれば価格は二・五倍くらいになる。ぼろ儲けだ。まだ摘発されたケースがないのは不思議である。

補助金詐取は決して珍しくない。間伐面積などをごまかしたり、まったく行っていない事業をでっち上げたりして多くの補助金を受け取るのだ。本来は検査するべき都道府県や市町村側も、ことを荒立てないよう不正に目をつぶるケースも少なくない。もし摘発したら、その地域に山仕事を受注する事業体がなくなり、行政の仕事が停滞する。また狭い地域の人間関係だけに、見知った相手を摘発しづらいということもあるのだろう。自治体としては持ちつ持たれつの意識なのだろうか。

長野県の大北森林組合が、間伐や林道・作業道整備の補助金を不正受給していた事件があった。不正な受給額は一六億円以上に上った。その行為に県が加担していたことが明らかになっている。そもそも不正は、県の事務所が未完了の事業でも申請するよう依頼したことから始まり、不正な請求に対して見て見ぬふりを続けたことで規模が拡大したのだ。

事業者の遵法精神が希薄で、監視体制もない。行政のチェックも機能していない。警察も介入したがらない。そんな事なかれ主義の土壌に違法行為が蔓延するのだ。

ちなみにルールに対する曖昧な対応が、すべて悪意というのではない。自然を相手にする中で、杓子定規な線引きができない事情が多々あり、その際は、臨機応変、ケースバイケースで対応する方が最適解になる場合もあるからだ。曖昧に済ませることで世間が回ってきた歴史的事情もあるのだろう。

そうしたことは承知の上だが、やはり違反行為は林業界全体を腐らせる。小さな違反は、やがて大きな犯罪を生み出す。それが盗伐なのだ。

2 腐る林業と崩壊する地域社会

盗伐であっても、木材が多く出荷されるなら、林業に加えて木材市場や製材業などの木材産業も活性化する。どうせ手入れもせず放置した山で朽ちていく木なら、多少違法であっても伐って利用したらいいじゃないか、それによって林業界が潤うのなら。口には出さないが、そう思っている人もいるようだ。だから目をつぶろう、と。

そんな考えを持つ人は、林業界では少なくないと感じる。どうやら行政関係者、さらには政治家にもそうした考えは広がっているようだ。

最初に指摘しておきたいのは、盗伐者が狙うのは放棄林ではなく、立派な木の育っている人工林だ。そうでなければ彼らにとっても利が薄い。盗伐するメリットがないわけだ。むしろ盗伐の対象にされる山の所有者は、林業を諦めていない。何十年も育ててきた木々に愛着を持っている。

そもそも「木材生産量が増えたら林業が活性化する」という発想に嘘が混じっている。ごく一部の林業関係者が（違法行為で）潤うだけだ。それも元をたどれば補助金で植えて育てた木であり、税金搾取である。決して産業としてよい影響は出ない。

ここで盗伐が林業界に与える影響を考察しておこう。

まず林業として、未来を奪う所業であること。理由は、言うまでもなく森が失われるからだ。盗伐の跡地に再造林されることはなく、次世代の木は育たない。将来的に林業を不可能にし、木材生産量も縮小してしまうだろう。

重要なのは、単に伐られた山の森林だけが減少するのではなく、森林所有者の森林経営の意欲を打ち砕くことだ。勝手に伐られて荒れた山にもう一度、木を植え直す気になるかどうか。さらに伐られなかった山を経営する意欲が保てるかどうか。それだけの資金的余裕もない。こうして林業の持続性は失われ、未来は破壊されていく。

一方で、盗伐の疑いのかかる木材は安く買いたたかれる。需要の裏づけのない木材であるから、木材価格は上がりにくい。伐採技術が低ければ、傷も多くついて高値にならない。建材としては二束三文、合板用になればまだしも、バイオマス燃料に回すのなら、より安くなる。それでも元手のかかっていない木をコストをかけずに伐り出すから、盗伐は儲かるのだ。買い取る業者も、その木の素性をうすうす知っていて、盗伐材だからと安く買いたたくのかもしれない。

そして安い盗伐材の価格が、合法木材も含めてすべての木材価格を引き下げるよう作用する。買い手からすれば、横に安く取引される木材があれば、目の前の木を高く買うはずがない。合法の木材の価格も下落させる。出荷者からすれば、腹立たしく、出荷自体を抑制するかもしれない。合法木材の量が減れば、より違法の疑いのある安い木材へと市場が傾斜する。悪貨は良貨を駆逐する。盗伐材の存在が、木材の価値そのものを毀損すると言ってよいだろう。

木材取引では、いかに買い手を出し抜くか、あるいは売手に価格を下げさせるか、が自慢話のように語られる。セリで買い手が結託して札を入れずに値を下げさせるケースもあるそうだ。そのうえで、裏で談合した業者が、安く買い取る。

そんな有様だから、お互い信頼関係が深まらない。同業者間でも団結できない。たとえば、市場で商品がだぶつき価格が下がれば出荷調整を行うことはどこの業界でもあるが、林業界でそうした動きは、まず起きない。価格が下がったら、より出荷量を増やす。利幅が薄くなる分を量でカバーする発想である。結果的にもっと価格を下げるのだが……。

いずれにせよ、山が荒廃したら林業界から人は離れていくだろう。山里なのに林業従事者がほとんどいない地域も少なくない。やがて地域社会も壊れていく。

しかし、危機感は薄い。極端な言い方をすれば、林業家に森林や地球環境はもちろん、林業界全体にも目を向ける意識はほとんどない。林業で儲けるためなら森を破壊してもかまわないと思っていると感じる。そもそも自分の身の回り以外に興味がないのである。

林業界の暗部を並べだしたらキリがない。盗伐材が出回ることを止める動きも業界内からほとんど起きない。自助改革の体力もなく、林業が腐り始めている。

それでは本当に林業に希望はなく衰退するしかないのか。

歴史的に見ると、林業は大きな変動の波がある。値のつかなかった山が、一本の道や鉄道の開通で、一気に価値が一〇倍二〇倍に上がったこともある。秋田杉も、明治後期までは粗悪な低質材扱いだった。それはユーザーの情報を持たず製材技術が劣っていたからで、戦後になって使う側の求める寸法に合わせて製材を管理すると高級材になった。製紙チップ用の広葉樹材も、太く素性のよいものを家具や内装用に回すと、スギ材の五倍の価格で売れた話もある。価値が短期間に逆転する可能性もあるのだ。

そうした将来の価値を奪うのも盗伐である。

3 災害を招き地球を壊す林業

盗伐、そして違法伐採は、古代より世界中で行われていたことは、本書冒頭で説明した。ただし、二一世紀に入ってからの盗伐は、次元が違う。圧倒的に面積や量が増え、スピードも増している。

それは動力で駆動する機械が導入されたからだ。オノや手ノコでは、そんなに多くの木は伐れない。また伐り倒してからの搬出や製材も人力では時間がかかる。森の奥から人里に運搬するのは、少人数では難しかった。そこにエンジン付きのチェンソーが持ち込まれ、ウインチや架線運搬が可能になった。さらに現代では道を入れ、乗用林業機械で伐採から運搬までできる。一気に規模を拡大できた。

それが何を引き起こすのか。「木を盗む」次元から、森を盗む、そして自然を破壊する事態まで加速させた。ここでは災害の発生と地球全体に及ぼす環境被害について触れる。

まず、なんと言っても森林破壊を急速に進めた。

木を伐っても、日本の気候なら自然に草木が生えてくる、森にもどるという意見もあるが、必ずしも期待できない。人

台風によって崩壊した作業道

工林は圧倒的にスギとヒノキだけで、さまざまな種子の散布は起きないからだ。スギとヒノキの種子はあるだろうが、攪乱《かくらん》された表土に落ちても、なかなか育たない。放置されて森がもどるまでには、非常に長い期間がかかるだろう。

そのうえ林内に乗り入れた林業機械は、クローラー（キャタピラ）で森林内を走るため、表土をかき乱してしまう。そこに雨が降れば土壌は流出して失われがちだ。

また搬出のための作業道を入れると、一気に山腹が崩れることもある。そして道を起点に崩れだせば、谷へと土砂を流出させる。表層崩壊だけでなく、水が深くしみ込むことで深層崩壊を引き起こすケースもある。そうなると山そのものが破壊される。

だから真っ当な林業家は、森林内に林業機械を入れる場合は、極めて慎重に行う。道を入れる場合も、崩れにくい地質と地形を探してルートを決めるだけでなく、路肩が崩れないよう、斜面の掘削や盛り土の方法などにも細やかな技術とルールがある。ていねいにつくられた作業道は簡単には崩れないし、伐採搬出後に続く再造林や下刈り、除間伐といった育林のためにも使われる。

だが盗伐者の入れる道は、その場限りの造成だ。地形や地質、斜度も考慮しないだろう。道の基盤を固めていないので人も歩けない。また掘削した土砂も野放図に積み上げられたり谷に捨てられたりする。そうした箇所は、すぐに崩れる。

地表の植生を剝がして土壌を攪乱された山は、災害に直結する。降った雨が直接地面をたたき土砂を流し出すから、土石流を引き起こす確率を高めるのである。とくに盗伐の場合は、切り株を掘り返すケースが知られている。切り株がなければ盗伐の事実認定がしづらくなることを狙っているらしい。それが崩壊を助長する。

ただし伐採直後の山は、意外と崩れにくい。なぜなら地面の中には木々の根っこがまだ残っていて、表土を緊縛しているからだ。

しかし、五年から一〇年経った頃に地中の根っこは土に還り、緊縛作用もなくなる。そのタイミングで大雨が降れば、崩壊しやすい。仮に無断伐採されてから一〇年後に山が崩れても、盗伐との因果関係を証明するのはほとんど不可能だ。盗伐者はどこ吹く風だろう。

もし盗伐された山が崩れて麓の人家や田畑、道路などに被害が出た場合、その責任は誰にあるのか。実は森林所有者、つまり盗伐被害者にある。法的には盗伐被害者が山の崩壊の加害者扱いされてしまうのだ。まだ、そうした水害の責任を告発された盗伐被害者はいないと思うが、可能性は捨てきれない。

盗伐は災害を引き起こすだけでなく、環境問題としても重大だ。一九九二年の地球サミット以来、森林破壊が世界的な問題として取り上げられるようになったのは、気候変動など地球環境問題への対策としての一面があるからだ。

大気中の二酸化炭素の量を減らす脱炭素政策に森林は大きな役割を担う。森林は、光合成を通じて二酸化炭素を吸収するとともに炭素を貯め込む。しかし木がなくなれば吸収は不可能となり、森林に貯蔵されている炭素を大気中に放出してしまう。

木々の分が失われるだけではない。土壌には有機物という形で炭素が貯蔵されている。とくに温帯や亜寒帯の森林土壌には、莫大な腐葉土や有機物土壌が堆積している。それは地表の樹木部分の数倍に達する。伐採跡地の土壌が攪乱されて空気に触れ、直射日光が当たることで有機物の分解が促進されれば、大気中に二酸化炭素として放出されてしまう。

また野放図な伐採は、生物多様性にも多大な影響を与える。気候変動とともに生物多様性の維持は世界的な環境テーマである。生態系は多様な動植物で成り立っており、多様性のない社会はひ弱で崩壊しやすい。資源を失うだけでなく、水害の増加や病害虫の発生、感染症の拡大にも関係する。

脱炭素と生物多様性は、人類の生存に関わる二大テーマだ。森林は、どちらにも関わっている。そして盗伐は、どちらも破壊する行為なのである。

京都府の保津峡近隣の伐採現場。地質や地形を考えずに道を入れたため、山崩れが起きている（撮影：出水伯明）

4 隔靴掻痒の盗伐防止策

違法木材がもたらす社会や経済、そして環境への悪影響を紹介してきたが、肝心の盗伐を止める方策はどうなっているのか。

日本で行われている盗伐対策を紹介しよう。

林野庁は、二〇二一年三月に長官名で全国の知事宛に「森林窃盗、無断伐採事案発生の未然防止対策の強化等について」という文書を出した。実はすでに一九年に同様の文書が出されているが、その改訂版である。

少し長くなるが引用する。

まず基本的な考え方として「法令や行動規範等に基づき適切な森林施業を行うことのできる林業経営体の育成と、無断伐採等を行った者への指導等を徹底するとともに、現場における適切な伐採作業や更新確保のための連携等の促進を図っていく」とある。

無断伐採等の防止に向けた取り組みとしては以下の通り。

「森林所有者等からの届出書の提出に際し、届出者が真に森林所有者等であることを確認することは、無断伐採等の発生を未然に防止する上で極めて有効である。

このため、届出書の受理及び審査に際しては、森林簿、林地台帳等を活用するほか、届出書の添付書類として、位置図や森林所有者が確認できる書類等を求めるなど適切に対処すること。また、地域における不適切な事案の発生状況等に応じて、全ての届出について適合通知書又は確認通知書の通知を行うなど、適切に対処すること」

「伐採届出に係る森林については、届出者に対し、伐採の終わった日から30日以内に、その状況を報告することを課すこととなった。この報告は、市町村森林整備計画に適合した適正な伐採を確保することはもとより、誤伐等の早期発見にも資することから、伐採権者から当該報告があった場合には、必要に応じて現地確認や造林権者への確認を行うなど、適切に対処すること」

無届伐採、誤伐等を行った者への適切な対応としては次のように記す。

「届出制度においては、無届伐採が行われた場合、市町村の長は中止命令や造林命令を行うことができることとなっており、引き続き、これら措置を含めた届出制度の適切な運用を図ること」

「届出書を提出した上で、当該届出区域に隣接する森林まで伐採を行う事案も発生していることから、このような事案が発生した場合にあっては、伐採を行った者に対し、届出の提出に当たり、当分の間、隣接する森林の所有者と境界確認を行った旨を証明する書類の提出を求めるなどにより、再発防止に向けた対応を適切に行うこと」

ほかにも「都道府県及び市町村による情報共有」「林業経営体等による適切な森林施業の推進」など項目は多い。伐採現場の巡視パトロールや補助事業等の適正な執行の確保といった事項もある。最後は次のように結ばれている。

「森林窃盗及び森林窃盗の贓物（木材等）を収受・売買する行為については、森林法により刑罰が科される重大な犯罪行為であることから、森林所有者等や届出者への確認、現地調査などを十分に行った上で、森林窃盗が疑われる事案については、警察への告発や情報提供を行うなど適切に対処すること。

また、警察から捜査関係事項照会等の協力を求められた場合には、情報提供や現地案内など必要な協力を行うよう努めること」

なお、警察庁生活安全局生活経済対策管理官には「森林窃盗事案発生の未然防止に向けた取組について（依頼）」という文書が林野庁森林整備部計画課長名で出されている。

林野庁としては、このような文書を出すのが精一杯なのだろう。

違法木材の売買も重大な犯罪と記した点は大きな一歩だとは思うが、問題は盗伐を止めさせる手段だ。伐採届の内容精査などに異議はないが、隔靴掻痒の感は否めない。実効性という点においては首をかしげる。

たとえば伐採跡地の巡視は、都道府県や市町村、森林所有者、森林・林業関係者、警察等が連携して行うとある。文書に触れられている取組事例に宮崎県のものが並ぶが、それで宮崎県の盗伐が収まったとは言えない。

また国は、二二年四月に伐採届の様式変更も行った。

改定では、伐採完了後、造林完了後も状況報告をしなければならないようになった。伐採者、造林者がそれぞれ伐採計画書、造林計画書を提出する。内容も細かく伐採方法や伐採率、集材方法、あるいは造林の方法、樹種、期間などを記さなくてはならない。届出違反があった場合は、一〇〇万円以下の罰金（森林法第二〇八条）なども科している。

マジメにやっている伐採業者にとっては手間ばかり増えて仕事上のブレーキとなってしまうが、それも盗伐が起きるゆえの副作用だ。

しかしこうした手立てによって盗伐を十分に抑えられるかと言えば、心もとない。そもそも伐採届を出さない業者には対応できないし、所有者が自分の山を勝手に伐られたことに気づかないか、告発する余力がなくて沈黙する場合もあるからである。

業者側からの違法伐採対策も触れておこう。

宮崎県には、素材生産業者（伐採を生業とする会社）を中心に結成された「ひむか維森の会」というNPO法人がある。この会は素材生産業の社会的地位の向上を目指して〇七年に設立された。

設立を呼びかけたのは、松岡林産の松岡明彦氏。彼は、林業、とくに素材生産業者の社会的地位の低さを改善したいと長年取り組んできた。各社の若手が中心となって、世間の「伐採業イコール森林破壊する仕事」のイメージを変えたいと思ってきたという。

そこで環境や持続性を保つための「伐採搬出ガイドライン」を作成した。素材生産業のあるべき姿について、基本的な考え方を示した行動規範である。それを発展させて、宮崎大学と共同で立ち上げたのが「責任ある素材生産事業体認証制度」（CRL）だ。この認証制度は、素材生産現場における環境への配慮、循環型林業のための伐採から再造林までのシームレスな接続、森林所有者や地域との間違いのない契約・交渉……などを目指す素材生産事業体の自主的な取り組みを支援するためのものである。

行動規範の項目を並べてみると、

- 森林が発揮する公益的機能の重要性をよく認識し、国土の保全、河川水質の保全、森林生態系の保全、森林景観の保全に努める。
- 地域住民の安全で快適な生活を妨げることがないよう最大限の注意を払う。
- 従業員に対しても安全で働きがいのある職場を提供する。

などと示されている。そして具体的な作業手順として、

「土地、立木の権利関係に間違いがないことを十分に確認した上で、所有者と立木売買契約もしくは作業請負契約を結ぶ。仲介者が間に入る場合でも、自らの責任で確認する。土地の所有界については、所有者、隣接所有者とともに現地を確認し、明確にする」「必要に応じて現地に目印を付ける」

ほかにも数十にもわたる細かく具体的な規定があり、会員による相互の事後評価を行う。そこに並ぶ項目は、ある意味当たり前の内容だが、目に見えるチェック体制をつくったことに意義があるだろう。また内容も数年ごとに更新している。

盗伐問題は、真っ当な素材生産業者からすると、まさに評判を落とし業界のイメージを悪化させるものだ。ガイドラインや認証制度は、盗伐事件が公になる前につくられていたが、真っ当な業者を増やし意識を高めようと考える当事者がいることは留意したい。

CRLのような認証制度は全国に広がりつつある。一八年に鹿児島県で同様の素材生産事業体認証制度が立ち上げられた。長崎県対馬市、島根県、東北のノースジャパン素材流通協同組合も策定している。そうしたメンバーが二二年六月に「伐採搬出・再造林ガイドライン全国連絡会議」を正式に立ち上げた。

ただ民間業界の規定である限り、違反したからといっても罰則があるわけではない。それも認証を受けた会社だけが対象だ。ひむか維森の会のCRL認証を取得しているのは二三年時で三七事業体だが、宮崎県の業者（数百の事業体があると推測される）の何分の一かに過ぎない。残念ながら、宮崎県で頻発する盗伐を抑制できるとは言い難いだろう。

連絡会議も、まだ情報交換に留まり実効性は見えないのが実情だ。やはり、こうした認証を受けないと事業に支障をきたすような仕組みを築かないことには、隔靴掻痒の状態が続きそうである。

宮崎県盗伐被害者は、民事裁判を次々と起こしつつある。これまで取り組む弁護士がいなかったのだが、被害者の会の要請によって東京共同法律事務所の只野靖弁護士が引き受けることになった。

「東京で宮崎県の事例を扱うことに躊躇《ちゅうちょ》する面もありましたが、幾度も海老原さんらと面会を重ねて、これは放置できないだろうと思うに至りました。ただ刑事事件にするのは簡単ではないから、まずは民事訴訟を重ねて、警察や検察に十分に事態を認知してもらうことを目指します。そのために損害賠償額を今までのような木材取引額ではなく、被害者感情に沿ったものを算定しなければならないと思っています」（只野弁護士）

現在は三件の訴訟を準備している。そのため宮崎県の現場にも足を運んだ。

「現場を見てビックリしました。想像していたのと規模が違う。〝もうちょっとマシな盗伐〟だと思っていました」と苦笑いする。

誰もが盗伐と聞くと、森の中から数本抜き伐りするイメージになる。それに惑わされて、あまり重大な犯罪だと感じにくい。だが現在進行中なのは、重機を走らせ山そのものを破壊する大規模な盗伐だ。また木材市場や製材会社なども、盗伐材を買い取る形で加担している。それは数十年かけて育てた財産を奪う犯罪行為であるだけでなく、山が災害を引き起こしかねない状態をつくる行為にもなっている。そうした危険性を司法関係者に理解してもらって、よりよい判決を勝ち取ることが目標だ。

民事裁判であっても、盗伐行為を世間に知らしめ、十分な賠償額になれば、業者に打撃となり大きなメッセージになるだろう。その数を重ねることで、刑事事件として取り上げられるようになるかもしれない。やはり刑事と民事とでは、社会に対するインパクトが違う。加害者への抑制効果も大きい。

結局、それが最大の盗伐対策かもしれない。

5 試行続く盗伐を発見する手段

世界中で、さまざまな違法木材対策が模索されている。

盗伐現場を見つけるために、人工衛星から撮影された地表の画像を解析する手法が研究されている。数カ月ごとに森林の変化を探るのだ。世界中の森林を監視できる「グローバルフォレストウォッチ」をアメリカの環境団体が公開している。

一定期間内に森林がなくなる、あるいは劣化（木の本数が減少）した所を発見し、合法的な伐採の届け出の有る無しを確認すれば、盗伐の可能性を浮かび上がらせられる、というわけだ。アマゾン、シベリア、アフリカ中央部……など広大な森林地域を監視するのに有効だ。

もっと盗伐現場を押さえようと、リアルな森にカメラを設置することも行われている。盗伐者を遠くからでも感知するためだ。アメリカの国有林では、磁気式センサープレートを設置して、分厚い金属（主にチェンソーを想定）を検知する仕掛けも考案された。機器が作動すると自動的に通知され、森林レンジャーなどが駆けつける。

さらにＡＩ（人工知能）を取り入れた方法も研究されている。ブラジルでは、アマゾンの木々に小型の音響センサー機器を取りつける方法が考案された。チェンソーやトラクターの音など、森林を伐採する際の音をＡＩが認識するという。そうした音を捉えると、情報が基地局に伝えられ職員が駆けつける。「伐採が始まったとき」をリアルタイムで探知しようという試みである。

木材そのものを追跡する試みも行われている。アメリカでは、ＤＮＡ解析によりどこで伐られた木かを特定する技術を開発している。

アメリカの盗伐は、国立公園など森林保護区からのものが多いので、その地域の樹木の遺伝子を特定しておく。それと盗伐を疑って押収された木材のＤＮＡを照合する。地域ごとにある遺伝子の偏差を利用して、木材の生えていた場所を推測できるという。一キロから一〇キロの範囲で確定できることを目指すそうだ。

ちなみに日本では、林野庁がグーグルアースを利用してモニタリングするソフトを開発している。約一〇口間隔で森林変化のあった箇所の位置情報と形状を自動で受信し、地図に示すシステムで、現在は試行中だ。伐採された地域に伐採届が出ていなかったら無断伐採の疑いが濃厚になる。利用は、市町村が主体となる。

しかし、日本でICTを利用した監視体制を築くのは、ハードルが高い。伐採届を受理した森林の位置が衛星写真に紐づけされていないからだ。そうしたシステムを組むのは難儀だろう。各自治体の森林情報は、ほとんどデジタル化されていないのである。

また海外では、対象となる森林の面積が広大で、多くが国有林などレンジャーもいる森林だ。日本のケースは私有林が中心で面積も数ヘクタール単位である。それゆえ世界的には注目度が下がる。そのうえ資金も人材も何もかも足りない。もっとも足りないのは「やる気」かもしれないが。

盗伐をリアルタイムで見つけて止めるのは、なかなか難しい。そこで違法木材を売買できなくする、出口をふさぐという対策が重要となる。

国際社会では、こちらの方が対策の主役になっている。前章で紹介したアメリカの改正レイシー法など各国の違法木材禁止法やEUの森林破壊防止規則も、そこを狙っている。森林認証制度も、認証のない木材は買わない、という消費者側からの圧力が基本姿勢だ。

そうした出口（抑止）戦略を取る際に重要なのは、木材取引におけるトレーサビリティの確立と、それを確認するデューデリジェンスを厳密化することだろう。それなしには成り立たない。

最終的に木材を使う工務店が、その木材はどこの国、どこの地方のどこの山から伐り出されたものか、伐採業者から流通業者、市場や製材工場、プレカット工場……まで手続きを含めて確実に確認していれば盗伐材が紛れ込む可能性をかなり抑え込める。

ところが日本の姿勢は、そうした世界の趨勢と比べて、常に後ろ向きだ。

木材取引に必要とされる「合法証明書」も、チェックされる側である木材業者が自ら発行していて、これでいいの？　と業者自身も首をかしげていた。

何より本来なら森林保全策と持続的な林業を主導しなければならない林野庁が、業者側を慮ってか、違法・グレーな木材でも扱いを禁止しようとしない。伐採届に記した内容を守らなくてもペナルティが科せられない。森林認証制度も推進したがらない。何から何まで後ろ向きだ。

林業・木材産業界は、常に「新しいことは面倒くさい」「手間をかけたくない」という思いが強い。違法行為を止めたら、旨みがなくなると思っているフシもある。だが、それは盗伐の事実上の共犯行為であり、それこそが日本の林業を衰退に追い込んでいる元凶だと悟るべきだ。

業者が行政に求めるのは、改革ではなく濡れ手で粟の「補助金」である。行政もそれに迎合している。物事を荒立てることを極端に嫌う役人たちは、怪しい動きにも目をつぶる。抑止しよう、摘発しようという気持ちが弱い。問題があれば補助金を出して糊塗《こと》するか、通達を出せば済むと思っている。

かくして暗黙の了解のように、違法・グレー木材が出回るのである。

6 盗伐対策に必要な専門人材

日本と世界の盗伐・違法伐採の実情と、それに向き合う世界の動きを紹介してきた。そして、その解決の難しさにも触れてきた。

今後いかなる対策が考えられるか。取るべきか。提言も含めて記したいと思う。

盗伐案件を刑事事件として取り上げるにはかなりの困難が伴うことは、幾度も触れてきた。証拠の積み上げが困難で、警察も及び腰、罪も軽くて抑止効果が見込めない。

本来なら法律改正も視野に入れたいところだが、簡単ではない。今起きている盗伐を止めるためには時間がかかりすぎるだろう。

行政は、自ら盗伐を認めると、これまで出してきた許認可や補助金などの見直しが必要となり、さらには自らの瑕疵《かし》を追及されかねないことから、後ろ向きになるようだ。何より役所は裁判の当事者（原告、被告ともに）になることを極端に嫌う。

また森林所有者も、住む地域が所有森林から遠く離れていたら、頻繁に通って確認できない。自分の山が盗伐された事実を知るのも簡単ではないわけだ。境界線確定なども、地籍調査が行われていないと自身で解決するのは難しい。

だが事例を振り返ってもらいたい。国会議員が現地視察して国会で質問などを行えば警察も行政も動いたのだ。そして刑事事件になった。内容的には不満もあるが、少なくとも立件された。つまり、関係者にやる気があればできたということだ。「仕事をしたくない」警察と行政の尻を叩く方策が必要だろう。

仮に刑事裁判、もしくは民事裁判でも被害者の主張が認められれば、刑罰や賠償金などが発生する。さらに前科のつく業者は、公共事業の入札に参加できなくなり、受け取っていた補助金も返還しなければならなくなる。数千万円もする高性能林業機械を購入できるのも補助金あってのことだ。補助金返還となれば経営は行き詰まる。そう考えると、訴訟に勝つことが盗伐を抑止する効果に結びつくだろう。賠償額も、木材価格の時価ではなく、造林・育林にかけた費用や労働から算定できないか。数十年かけて育てた樹木の価値を認めないと、納得できる額にならない。

違法行為を追及するのも、実は書類を精査するだけで、ある程度可能だ。

木材市場や製材工場、あるいはバイオマス発電所なども木材の素性を厳正に問うべきだろう。たとえば搬入される木材には適合通知書などが添付されているが、そこに伐り出した山の面積も記されている。もし木材の量がそこから出せる量より大幅に多かったら、プロならおかしいと気づくはずだ。その差分は違法木材の可能性が疑われる。

自治体が伐採届を受理する際に、記載のある森林所有者へ直接連絡を取って確認することだけでも、怪しい計画はかなり見抜ける。伐採面積が過少な場合もおかしい。生えている樹種や樹齢からも真っ当な林業かどうかはわかる。さらに現地を歩いて境界線などを確認すれば、後に誤伐だと言い逃れできなくなる。

残念ながら市町村の担当官が林業に詳しいケースは少なく、ほとんど机上で書類を処理するだけだから、チェックが形骸化している。

だから、何より林業と森林に詳しい人材が必要だ。さもないと伐採届の内容や現場の森林の状況、そして業者の行う作業を理解できない。

奈良県では県庁内に森林管理職という役職を設けた。彼らは森林・林業の専門家を養成する奈良県フォレスターアカデミーで二年間学び、「奈良県フォレスター」となる。そして県内の市町村に派遣され、林野行政全般に携わるのだ。

彼らは伐採届の点検などを担当する。すべての現場に足を運んで届出通りか確認し、伐採後の確認も行う。伐採面積に無理はないか、間伐率は適正か、作業道の開設などで災害発生リスクはないか、伐採によって林地に悪影響が出ないか……などをチェックし適正に作業を行うよう指導すれば、業者側もいい加減な作業はできないだろう。そして再造林を実施した後も確認する。

これは盗伐対策として設けられた役職ではないが、結果的に盗伐や再造林放棄に対して大きな抑止力になるはずだ。

そうした人材育成の場や役職がない自治体でも、地域林政アドバイザー制度を利用すれば可能だ。林業に詳しい人材を市町村に派遣し助言指導を行う制度だ。林野庁や県庁を退職した人のほか、民間人もいる。また国には森林総合監理士という資格もあり、有資格者は全国にいる。こうした専門家を活用すれば、当面の機能を果たせるのではないか。

私は、盗伐多発の根本原因は林政にあると思っている。どうやら官邸が「林業の成長産業化」という課題を出したようだが、そこで林野庁が採用した手法は、短期間に木材生産量を増やすことだった。木材価格が安くても、使い道がなくても、とにかく木を伐って出せば生産量は増え売上が伸びる、活性化したように見えるという刹那的な策だ。

しかし、あまりにも能がない。売上が伸びても利益は増えない。森林生態系の破壊が進み、林業の持続性も失われる。林業危機の実態は何も変わらない。

構造的な改革をするつもりもなさそうだ。一時期、国や全国の自治体でドイツやオーストリアなどの林業先進国からフォレスターのような林業の専門家を招き、日本の林業現場を視察してもらって助言を乞うことが流行った。

ところが、肝心の助言は無視する。「大面積皆伐は止めた方がよい」「このような道づくりは危険」「一斉単純林の森づくりを見直す」などの意見をもらっても聞き流す。それを受け入れたら従前の林政を根幹から変えねばならない。それは困る。そこで機械化推進など二次的な、補助金のバラマキ施策だけを採用した。

結果、業者は目先の利益のために走り、違法行為にも手を染める。それが盗伐だ。

一方で地球環境問題が身近に迫っている。気候変動の激甚化と、生物環境の劣化だ。それが食料や水・資源の枯渇、災害多発、健康と文化的価値の喪失など社会経済の基盤を壊していく。国際的には、損失額が年間数兆ドルに達すると試算している。

こうした事態を防ぐには脱炭素と生物多様性の確保が急務だ。その二つに森林は大きく関わっている。そして森林を管理する役割を持つのが林業だろう。

そう考えると、今こそ森林行政の刷新と林業健全化のチャンスである。盗伐の放置は、そのチャンスを潰していると自覚するところから始めなくてはならない。

おわりに

私も盗伐された経験を持っている。

地元の生駒山《いこまやま》の一角に小さな雑木林を所有しているのだが、ある日訪れると、根元部分の直径が三〇センチ以上あるコナラの大木が伐られて倒れていた。切り株はチェンソーを使った跡がある。勝手に伐られたのだ。まさしく無断伐採である。

ただ、何のために伐られたのか。太い幹は周りの小径木をなぎ倒して横たわっている。よく観察すると幹の途中から分かれた枝が何本も伐られていた。枝と言っても太いものは直径一〇センチ以上ある。長さも一本四、五メートルはあったはずだ。おそらく倒してから枝を伐り、短くして持ち去ったのだろう。小丸太としては、何十本にもなったはずだ。

コナラは建材に向いた木ではない。堅くてひずみやすい。一方で枝部分の用途として想像できるのは、薪かシイタケ栽培用のホダ木だろう。どちらも直径一〇センチ程度の太さが適している。太い幹は薪やホダ木に適さない上、素人には重すぎて運べない。これは枝目当ての盗伐という珍しいケースではないか。

近頃は薪ストーブ愛好家が増えている。肝心の薪は火持ちのよい広葉樹材が人気だが、太すぎると割るのも大変で、購入すると高い。ホダ木も同じだ。趣味でシイタケを栽培する人はいるが、ホダ木向きのコナラやクヌギなどの細めの丸太はなかなか手に入らない。ホームセンターで売っているのを見ると、バカ高い。そこで私の山の木を無断伐採したのだろうと想像している。

しかし、わずかな薪もしくはホダ木を得るために、直径三〇センチ級の大木を伐採するとは。近くに電線が走るので、もし倒す方向が狂えば送電線や電話線を切断してしまった可能性もある。犯人を特定するのは至難だが、その場合の責任は誰が負うのか。

雑木だから金銭に置き換えるとわずかなものだし、今回は一本だけだから自然破壊的な要素も少ない（私自身も、時折木を伐っている。ホダ木にする場合もあれば、森の中の工作物をつくる材料にする場合もある）。

物理的にはたいした損害ではないのかもしれない。しかし、感情的には非常に悔しく、しばらくの間は気分が優れなかった。

この事件のほかにも、道路際の木を勝手に伐られることは幾度かあった。とくに通行に邪魔になるわけでもない場所だから、面白半分に伐ったのだろう。直径数センチの樹木なら、ナタを振るうだけで切り倒せる。こうしたときも、心にもやもやが広がる。

森遊びの場所として愛着のある自分の山で、他人が破壊行為を行ったことは無性に悔しい。盗伐被害は、金銭的被害よりも感情被害が大きいことを思い知った。


本書の執筆は、実はかなり後ろ向きだった。企画として思いついても、書きたくない、という気持ちが強かった。なぜなら取材で多くの盗伐の事例に触れたときは、私も憂鬱になったからだ。執筆をすればさらに憂鬱になることが想像できた。

それでも取りかかったが、やはり日々気が重い。改めて取材で話を聞いたり資料を読んだりするだけで落ち込む。とくに盗伐被害に続く警察などの対応による二次被害に触れると、自分ごとのようなどす黒い恨みと怒りが湧き上がる。しばしばキーボードを打つ指が止まった。いわば私は、三次被害を被ったのかもしれない。

一方で、世間の盗伐に対する関心の低さも感じた。何人もの林業家に話を聞いたが、常に「私の周りで盗伐は起きていないが」というただし書きがつく。そして小さな出来事と捉えているようだ。誤伐じゃないの？　少々越境して伐ってしまうことはあるよね、という反応が多いのだ。

ましてや林業に直接関わらない人は、私が話を振ってもさほど関心を示さない。説明しても「日本で盗伐？」「発展途上国じゃあるまいし」と、まず本当かと問い返す。盗伐、違法伐採なんて日本にはなく、あっても単発の事件で、組織的に盗伐をやっているのは発展途上国だろう。そんな思い込みが強いらしい。

宮崎県の新聞やテレビの報道も、当初は被害者の会などが記者会見したら記事になったが、徐々に扱いが小さくなるように感じる。ベタ記事扱いだ。基本的に人が肉体的に傷つくことはなく、警察発表の被害本数は少ない。被害を金銭に換算するとわずか。また面積も一カ所数ヘクタールというのは、林業的に見れば狭い。アマゾンやボルネオの森が数千ヘクタール失われた、という報道と比べると地味になるのだろうか。

だが最大の理由は、人々が遠くの森に関心がないことだと思う。東京都心の街路樹や緑地の木を何本か伐る計画が発表されると大騒ぎになる。多くの人が目にする緑であり、観念的に伐採は悪と感じる。そんなローカルニュースを全国に垂れ流す。

だが、その数百、数千倍の木が伐られ、表土を攪乱されても、地方の事件には興味を示さない。スギなら盗伐されても花粉症対策だとうそぶく。気候変動、生物多様性劣化といった地球規模の環境課題も、縁遠いものには冷淡になる。

映像などで見る森には、木々と草、せいぜい虫や鳥獣などが映るだけである。その背景にある人の営みや歴史までに想いは及ばない。だが、それでは薄っぺらい表層だけの森しか見えない。目にしなければ存在しなくなる。時代が進むと、森はたまに遠くから眺めるものとなった。それは一般市民だけでなく林野に携わる行政関係者、そして警察や政治家にまで広がる。

世間に関心がないことを喜ぶのは盗伐業者と、それに連なる木材業者だけだ。彼らも、実のところ森に興味はなく、所有者の嘆きは聞き流し、森の生き物にも興味はなく、将来の林業・木材産業だってどうでもよく、山崩れで災害が発生しても知ったことじゃない、今が儲かればいい……のだろう。

もはや合法・非合法関係なく、森林破壊は続いている。全国の山に土が剝き出しの伐採跡地が広がっている。重機が走った跡は土壌がえぐられ、何年経っても草も生えない。それどころか雨のたびに崩れている。当然ながらそこに生息していた動物も姿を消した。そうした痛々しい景観を日々目にして暮らしている人たちもいる。大雨が降れば、山が崩れないかと怯えながら。

序章でも記したが、私は今の林業に漂う腐臭を嗅ぐ。醜いのだ。荒っぽい木の伐り方と攪乱された表土を見ると、同じ伐採現場でも健全な林業なら感じない痛みが走り、怒りとも悲しみとも言えない感情が湧き出る。脳裏に腐肉のイメージが浮かぶ。

林業は森林管理に重要な役割を果たし、森を美しくする効果があると思いたいのに、現実は森を破壊し、見るも無残な風景をつくり出しているのだ。そこに映るのは、人の強欲さとすさんだ心の象徴ではないか。絶望感が増す。

だから盗伐を防ぎ、林業を健全にすることは、国土のみならず人の心を守ることでもあると強く思う。

二〇二四年二月二九日

田中淳夫

参考文献一覧

書籍

秋道智彌+市川昌広編『東南アジアの森に何が起こっているか　熱帯雨林とモンスーン林からの報告』人文書院、2008年
池上俊一著『森と川――歴史を潤す自然の恵み――』刀水書房、2010年
井上貴子編著『森林破壊の歴史』明石書店、2011年
遠藤日雄著『丸太価格の暴落はなぜ起こるか――原因とメカニズム、その対策』全国林業改良普及協会、2013年
荻大陸著『国産材はなぜ売れなかったのか』日本林業調査会、2009年
荻大陸著『ノーコスト林業のすすめ――戦後林業からの脱却――』日本林業調査会、2022年
黒田洋一+ネクトゥー、フランソワ著『熱帯林破壊と日本の木材貿易――世界自然保護基金（WWF）レポート日本版』築地書館、1989年
椙本歩美著『森を守るのは誰か――フィリピンの参加型森林政策と地域社会』新泉社、2018年
瀬田勝哉『木の語る中世』朝日新聞社、2000年
高木久史著『戦国日本の生態系　庶民の生存戦略を復元する』講談社、2023年
筒井迪夫『森林文化への道』朝日新聞社、1995年
遠山茂樹著『ロビン・フッドの森――中世イギリス森林史への誘い――』刀水書房、2022年
徳川林政史研究所編『徳川の歴史再発見　森林の江戸学』東京堂出版、2012年

徳川林政史研究所編『徳川の歴史再発見　森林の江戸学Ⅱ』東京堂出版、2015年
永田信＋井上真＋岡裕泰著『森林資源の利用と再生――経済の論理と自然の論理』農山漁村文化協会、1994年
藤川賢＋友澤悠季編『なぜ公害は続くのか――潜在・散在・長期化する被害』新泉社、2023年
牧野和春『森林を蘇らせた日本人』日本放送出版協会、1988年
村尾行一著『新版　山村のルネサンス』都市文化社、1986年
村尾行一著『間違いだらけの日本林業――未来への教訓』日本林業調査会、2013年
盛本昌宏著『軍需物資から見た戦国合戦』洋泉社、2008年
渡辺尚志著『江戸・明治　百姓たちの山争い裁判』草思社、2017年
ジェンセン、デリック＋ドラファン、ジョージ著、戸田清訳『破壊される世界の森林――奇妙なほど戦争に似ている』明石書店　2006年
シュトラウマン、ルーカス著、鶴田由紀訳『熱帯雨林コネクション――マレーシア木材マフィアを追って』緑風出版、2017年
タットマン、コンラッド著、熊崎実訳『日本人はどのように森をつくってきたのか』築地書館、1998年
タットマン、コンラッド著、黒沢令子訳『日本人はどのように自然と関わってきたのか――日本列島誕生から現代まで』築地書館、2018年
ブルゴン、リンジー著、門脇仁訳『樹盗――森は誰のものか』築地書館、2023年
メイサー、アレキサンダー著、熊崎実訳『世界の森林資源』築地書館、1992年
メイ、エリザベス著、香坂玲＋深澤雅子訳『森林大国カナダからの警鐘――脅かされる地球の未来と生物多様性――』日本林業調査会、2009年

ヘルマント、ヨースト編著、山縣光晶訳『森なしには生きられない――ヨーロッパ・自然美とエコロジーの文化史』築地書館、１９９９年
ラートカウ、ヨアヒム著、山縣光晶訳『木材と文明』築地書館、２０１３年

論文

御田成顕ほか『日常活動理論を用いた盗伐発生メカニズムの理解――宮崎県南部における事例――』日本森林学会誌　２０１９年
御田成顕ほか『小規模山林所有が素材生産と立木売買に与える影響――宮崎県南部および北部の比較から――』林業経済　２０２１年
御田成顕、都築伸行『南九州地方における無断伐採の発生状況および発生過程の現状把握』日本森林学会誌　２０２２年

セミナー資料

御田成顕『森林所有者のもつ管理意向の地域性と規定要因』――宮崎県南部における事例――２０２３年
三柴淳一『改正CW法と日本における木材を事例としたDDの現状　国内の盗伐問題〜それを防ぐために求められるDDとは？』２０２３年
林野庁木材利用課『合法伐採木材等の流通及び利用の促進に関する法律（クリーンウッド法）の改正について』２０２３年

WEBサイト

FSCジャパンオンラインセミナー　責任ある森林管理のための勉強会第11回（２０２３年7月13日）「日本の違法伐採とクリーンウッド法改正〜NGO視点のポイント、課題、そして期待」三柴淳一／（認定NPO法人）国際環境NGO

FoE Japan
https://jp.fsc.org/
FoE Japan盗伐記録サイト「日本にもあった違法伐採!!」
https://foejapan.wordpress.com/
日本森林技術協会「令和３年度 森林情報活用促進事業のうち無断伐採の把握体制の整備 報告書」
https://www.jafta.or.jp/contents/jigyo_consulting/1_R03_FAMOST_report_All_s_15MB.pdf
フェアウッド・パートナーズ「合法木材」に関する事業者セミナー（２０１６年２月25日）新たな違法伐採対策・合法木材供給への取り組み「諸外国の違法伐採対策の現状と課題」坂本有希／地球・人間環境フォーラム
https://www.goho-wood.jp/topics/doc/208_s3.pdf
林野庁 第３回合法伐採木材等の流通及び利用に係る検討会（２０２１年10月25日）資料３「効率的で効果的な違法伐採対策の実現を目指して」山ノ下麻木乃、鮫島弘光、藤崎泰治、岡野直幸／（公財）地球環境戦略研究機関 生物多様性と森林領域
https://www.rinya.maff.go.jp/j/riyou/ryuturiyou/attach/pdf/210915-21.pdf

そのほか参考資料として

ＮＰＯ法人バイオマス産業社会ネットワーク編『バイオマス白書２０２３』
「森林デューデリジェンス規則（EUDR）のポイント③」(C) Mizuho Research & Technologies, Ltd. All Rights Reserved.
https://www.maff.go.jp/j/shokusan/export/attach/pdf/e_r4_zigyou-63.pdf
『旬刊宮崎』
日本インドネシア協会会報誌『月刊インドネシア』
ほか新聞多数

田中淳夫 タナカ・アツオ

1959年大阪生まれ。静岡大学農学部林学科を卒業後、出版社、新聞社等を経て、フリーの森林ジャーナリストに。森と人の関係をテーマに執筆活動を続けている。主な著作に『絶望の林業』『虚構の森』『森は怪しいワンダーランド』『山林王』（新泉社）、『獣害列島　増えすぎた日本の野生動物たち』（イースト新書）、『森林異変』『森と日本人の1500年』（平凡社新書）、『樹木葬という選択』『鹿と日本人――野生との共生1000年の知恵』（築地書館）、『ゴルフ場に自然はあるか？　つくられた「里山」の真実』（ごきげんビジネス出版・電子書籍）ほか多数。

Email : QZB00524@nifty.ne.jp

表紙写真／出水伯明

盗伐　林業現場からの警鐘

2024年4月11日　第1版第1刷発行

著者　田中淳夫

発行者　株式会社新泉社
東京都文京区湯島1-2-5　聖堂前ビル
TEL　03-5296-9620
FAX　03-5296-9621

印刷・製本　株式会社太平印刷社

ISBN 978-4-7877-2319-2 C0095

新泉社の本

絶望の林業

田中淳夫 著

四六判 304頁 2200円＋税
ISBN 978-4-7877-1919-5

若者の就労者が増えたことで、成長産業と期待されている日本林業。しかし、その実態は官製成長産業であり、補助金なくしてけ成り立たない日本の衰退産業の縮図といえる。長年にわたり森林ジャーナリストとして日本の森、林業にかかわってきた田中淳夫が、林業界の不都合な真実に鋭く切り込んだ話題作。

虚構の森

ＳＤＧｓが大流行の昨今だが、環境問題に関しては異論だらけ。果たして何が正解かわからない。さらに地球環境を巡ってはさまざまな〝常識〟も繰り広げられている。しかし、それをそのまま信じてもいいのだろうか？　そうした思い込みに対して検証を試みた一冊。「森の常識」を元につくられた〝環境問題の世論〟に異論を申し立てる。

田中淳夫 著

四六判 264頁　2000円＋税
ISBN 978-4-7877-2119-8